所有的坚持，

都是为了拒绝不喜欢的人生

吴大有 ◎著

中国纺织出版社有限公司

内 容 提 要

人生需要坚持，梦想更需要坚持。这个世界对待每个人都是平等的，但是，我们对生活的态度不一样，所获得的人生意义便不同，人生价值更不同。

本书阐述了“人生需要坚持”的主题，针对现代社会人们容易形成的无力感、挫败感、倦怠感心理作出分析，并就如何进行心理调节给予一些可行性的建议，希望能为正在迷茫的您送上一剂心灵良方。

图书在版编目（CIP）数据

所有的坚持，都是为了拒绝不喜欢的人生 / 吴大有著；--北京：中国纺织出版社有限公司，2020.5

ISBN 978-7-5180-7088-6

Ⅰ.①所… Ⅱ.①吴… Ⅲ.①成功心理—通俗读物 Ⅳ.①B848.4-49

中国版本图书馆CIP数据核字（2019）第296874号

责任编辑：江　飞　　责任校对：高　涵　　责任印制：储志伟

中国纺织出版社有限公司出版发行

地址：北京市朝阳区百子湾东里A407号楼　邮政编码：100124

销售电话：010-67004422　传真：010-87155801

http：//www.c-textilep.com

中国纺织出版社天猫旗舰店

官方微博http：//weibo.com/2119887771

三河市宏盛印务有限公司印刷　各地新华书店经销

2020年5月第1版第1次印刷

开本：880×1230　1/32　印张：6.5

字数：128千字　定价：39.80元

前　言

PREFACE

叔本华曾说："梦想是个美妙的词汇，它不需要华丽的辞藻来修饰，也不需要深刻的烙印去铭记，有梦想的人无须多言，生命之火会将梦想照亮，它需要的仅仅是朴实无华的坚持。"我们总说，人生需要梦想，没有梦想跟咸鱼有什么区别呢？然而，在追逐梦想的过程中，唯有一颗坚毅的心才能到达彼岸。

坚持，说起来容易，做起来却很难。我们都可以轻易地对自己说：未来一定要坚持下去。却在不经意间做了3分钟先生或小姐，做任何事情都半途而废，为自己的懒惰和拖延找借口。不是说好每天健身打卡吗，只坚持了一周就偃旗息鼓；不是说好提前完成工作吗，结果临到周末不得不加班到凌晨；不是说好坚持做自己吗，却在他人的眼光中做出了有悖于内心的决定。看，坚持说起来多容易啊，但真正实行起来却是比登天还难。

坚持的另一面就是放弃，放弃早已做好的计划，放弃既定的初心，放弃久违的热情。等一切都放弃之后，我们就如愿过上了不喜欢的生活。口头说减肥说了那么久，依然体重依旧；跟喜欢很久的人告白也以失败告终；工作效率低下，被同事排挤，让领导嫌弃，加薪升职完全无望；父母催婚，亲戚朋友委婉提醒，就在懵懵懂懂的状态中相亲闪婚。如果说坚持是一种毅力，那么所有的坚持都是为了拒绝不喜欢的人生。

梦想需要坚持，人生需要坚持，从小我们可能想当老师、医生……尽管那时我们对梦想是懵懂的，不过追求却是远大的。青春的我们想着如何努力才能不留遗憾，倾尽全力地追逐曾经的梦想。工作后埋头苦干，梦想的种子依然在心中萌芽，等着哪一天重拾信心，却发现身边的人只有少数还一直在坚持最初的梦想，走在梦想的路上。大部分的人跟自己一样，早已经丢掉曾经的初心，活在行尸走肉的现世里。然而时间会证明，坚持最初梦想的人，一直在努力，一直在不断挑战自我，他们一直行在路上，收获颇丰。而放弃坚持的人，每天得过且过，虚度了人生最美好的年华。

作者

2019年10月

目 录

CONTENTS

第1章 世界上没有人天生优秀

世界上没有天生的优秀者，他们都是从平庸一步步走到卓越，铸就辉煌的。生活中，可能你平淡无奇，可能你就是湮没在人群中的路人甲，但是只要你坚持努力，总有一天，你将成为不平凡的那一位。

安于现状，会让你停止前进的步伐

一匹再懒惰的马，只要有马蝇叮咬它，它也会精神抖擞，飞快地奔跑。这就是心理学中著名的马蝇效应。马蝇效应告诉我们，需要适时地鞭策自己，方能使自己不断地前进，获得成功。一个人只有被叮着咬着，他才不敢松懈，才会努力拼搏、不断进步。

通常情况下，越是有能力的人越容易自负，因为他内心有着强烈的占有欲，如果任由这样的情况发展下去，自己会被自满吞噬，安于现状、不思进取。另外，有的人在遭遇一点点挫折后就松懈了，丧失了生活的希望，自暴自弃。

其实，在这些时候，我们都需要利用马蝇效应来鞭策自己，赶走身上的自负与骄傲、畏惧与自卑，激励自己，勇往直前，迎接人生新的一天。

很多人都不满意自己的现状，却从未有勇气去改变。他们一边抱怨着生活，一边却无所改变地生活着，最终被生活狠狠地抛在现实面前。所以，他们注定与平凡为伍。

我们可能在很多时候都听过这样一句话：最怕一生碌碌无为，却还安慰自己平凡可贵。这句话看上去是一句激励人心的鸡汤，但事实上却是许多人生活的真实写照，嘴里叫嚣着平凡可贵，然后安于现状。

平凡是什么？许多人所能理解的平凡，大概就是守着自己的小生活圈子，自得其乐，不能说自己过得有多好，不过也绝对不差。确实，这就是现在大多数人的生活状态，不过这好像只是平庸，不能成为平凡。

真正的平凡有别于平庸，所谓的平凡大概是“我曾经跨过山和大海，也穿过人山人海，我曾经拥有的一切，转眼都飘散如烟；我曾经失落失望，失掉所有方向，直到看见平凡，才是唯一的答案”。那条平凡之路一点儿也不平凡，其中饱含着青春和理想，虽然话语里有失望、绝望，却依然让人对梦想充满希望。这才是平凡的真正含义，当我们翻山越岭之后，才会感受到平凡的可贵。真正的平凡，不是甘于平庸，而是看透尘世的一种淡然态度。平凡里，蕴含着曾经的梦想和青春，诠释着曾经的迷茫和领悟，唤醒了许多人心中潜藏的初心。

平凡的意义在于我们曾经追求过青春的激情和梦想，而不是我们觉得自己最终会归于平凡而安于现状的平庸，这就是我们常常感到迷茫和无助的原因。出走半生，阅尽千帆之后，人往往才会感悟人生的真谛，才会明白什么才是真正的平凡。

林肯所提出的马蝇效应被许多人运用到公司或企业的管理中来，然而，管理好自己才能有效地管理别人。在日常生活中，我们也需要利用好马蝇效应，适时鞭策自己，使自己努力向前。林肯以“欲求”叮着蔡思先生，其实，每个人对生活都有各种不同的欲求，有的人注重精神的东西，如荣誉、地位；有的人比较注重物质，如金钱。对于我们自己来说，最大的欲求就是梦想，在人生的道路上，我们要以“梦想”这只马蝇来叮着自己、激励自己，让自己这匹“马儿”欢快地跑起来。

停滞不前没有长进的会是两种人：一是思想落后的人，这些人往往安于现状不思进取，对于生活只想“当一天和尚撞一天钟”；二是思想先进却行动落后的人，他们的脚步跟不上心灵的步伐，失败了也只会自我安慰。如果你不甘于平庸，就不要做前者，更不要做后者，既要有上进心又要有行动力，对于心中的理想不要只是说说而已。只有战胜自己，才能做生活的强者。

人生的每一天，都要活得漂亮，走得铿锵。漫长的旅途中，自己不奋斗，终归是摆设。不管我们是谁，宁可做拼搏的失败者，也不要做安于现状的平庸人。

假如你觉得安于现状是自己想要的生活，那选择安于现状的生活会让你感到幸福和满足。假如你不甘于平庸，选择一条上进、改变和奋斗的道路，那在追逐的过程中一样会感到幸福和快乐。所谓的成功，其实也就是按照自己想要的生活方式活着。而最糟糕的状态就是你想选择一条上进的道路却以一种安于现状的方式生活，最后每天抱怨“我并没有过自己想要的生活”。

有时候，我们会满足于现状，不思进取；有时候，我们会自暴自弃，甚至破罐子破摔。但是，生活还要继续，我们停止前进的步伐是因为我们内心已经松懈、倦怠，所以，适时鞭策自己，不断地鼓励自己，前方就是成功之路。只要我们不断地提醒自己、激励自己，我们就会像那匹被马蝇所叮的马儿一样，越跑越快，最终将心中的梦想变成现实。

启示

“平凡可贵”并不是我们所能理解的那样，如果我们还年轻，如果我们还怀揣着梦想，那就应该去努力，应该去拼搏。没有经历过奋斗的人生，我们有什么资格告诉自己平凡可贵？

只要你去做，就没有不可能

大屏幕上一次次的颁奖典礼，令人心动不已，谁都想走一次红地毯，谁都想触碰奖杯的荣誉，人生若是得此殊荣，自然是一种幸运、一种辉煌。但是，如此巨大的荣誉和成功却不是每个人都能得到的。

生活中的我们如此平凡，但是，请不要忘记为自己加油喝彩。美国的一位心理学家曾说：“不会赞美自己的成功，人就激发不起向上的愿望。”随时为自己加油往往能带给自己欢乐和信心。当你的信心增强了，就会鼓励你获得更大的成就，与此同时，你的自信心将会进一步增强。

但在现实生活中，有的人对自己缺乏信心，他们总是期望得到别人的掌声。对于这样的情况，一位成功者说：“别在乎别人对你的评价，否则，它就会成为你的包袱，我从不害怕得不到别人的喝彩，因为我会随时为自己鼓掌。”在人生的路途中，我们要保持思路清晰，随时为自己的壮志加油喝彩！

生活中有许多困难与挫折，面对这些困境，许多人总是不由自主地说“我不能……”在这样一种心理的影响下，他们不敢正视现实生活中的挑战，对自己缺乏信心，最后导致自己的潜力并没有得到充分的发挥。

其实，许多人之所以不能成功，就是因为缺乏自信，总是被“我不能”左右。所以，不妨试着把“我不能”埋在地下，相信自己，为自己加油鼓劲，用积极乐观的心态来面对一切，这样那些困难与挫折就会迎刃而解。

成功者的字典里，没有“不可能”三个字，在他们看来，那些越是不可能做成功的事情，就越有可能成功。生活中，许多人尽管看上去很有才华，具备成功的各种因素，不过却有很大的弱点：对于那些可能完成的事情抱有畏惧心理。当一件看似“不可能完成”的事情摆在他们面前的时候，他们就会抱着唯恐避之不及的态度。结果很容易预料，那就是终其一生也可能只是平庸。而那些勇于向“不可能完成”的事情挑战的人，才是人生勇士，他们才是最终采摘成功果实的人。

对于告别平凡来说，“不可能”是负能量的词汇。迪士尼的创始人沃尔特·迪士尼曾说：“尝试去做那些似乎是不可能的事情是一种极大的乐趣。”在那些怀揣梦想的人心里，没有“不可能”三个字，只要有自信心，没有什么事情是不能做的。假如我们想去创业，想成为马云、柳传志这样了不起的成功企业家，就需要在心里打倒“不可能”信念，敢于向“不可能”挑战，变“不可能”为可能。

若想变“不可能”为可能，就应有必胜的心态。当我们去做某件事情的时候，内心的信念直接决定了这件事的结果。一个悲观失望、犹豫不决、畏缩不前的人，大多不会成功，只有对自己抱有必胜信念的人，才会成为最后的成功者。

若想变“不可能”为可能，就应怀揣满腔的热情。热忱是一种具有巨大能量的精神力量，是一个人奋斗的源动力，没有任何一件伟大的事业不是因为热忱而成功的。一个充满热情的人怀着高度的兴趣和责任感，不管人生旅途上有多少困难和阻碍，他们始终都会坚定不移地走下去。大量例子证明，卓有成效的人，都是对自己的事业怀有满腔热忱的人。

若想变“不可能”为可能，就应勇于尝试、敢于行动。生活中许多人抱怨上天不给予自己成功的机会，抱怨命运捉弄自己，其实机会往往就在他们身边，只是他们自己畏缩害怕而放弃了，而机会一旦没了就不容易再重新拥有，这就是许多人失败的原因。

永远不要让“不可能”禁锢自己的手脚，对自己要充满信心，随时为自己加油，勇敢地向前迈一步，坚持到底，那么，“不可能”就变成“一切皆有可能”。不可否认，为自己加油是找回自信的最佳途径。不断地为自己加油，告诉自己“我一定能行”，通过肯定自己来不断地增强自己奋力向前的信心，从而获得成功。

所以，在这关键时刻，更需要相信自己、为自己加油，要坚信命运的钥匙永远掌握在自己的手中。摔了跟头，应该立即爬起来，为自己鼓劲，为自己喊声“加油”；当我们取得一点小成就的时候，应该对自己说“我真棒”；当困难来临的时候，记得给自己打气，对自己说“我一定能行”。那些能为自己加油、喝彩的人，他们一定会是成功生活中的强者。

人生的一切皆有可能，很多时候，只要我们积极地尝试过、努力过，哪怕没有取得成功，也会积累不少经验，而且在这个过程中我们的精神意志也慢慢得到锻炼和提升。敢于尝试才是开启成功大门的钥匙，辉煌的未来就在于我们勇于尝试、勇于行动。所谓“千里之行始于足下”，只要我们开始行动就永远不会晚，就永远有希望，只要用心一切皆有可能。

启示

无论是生活中还是工作中，我们都难免会遭遇坎坷、曲折、磨难，这时，我们会感到痛苦、迷茫，但是，这些都不是最可怕的，可怕的是自己先否定自己，自己摧毁自己。

一生不敢冒险，平庸过一生有意义吗

任何时候，人都要自信而勇敢地追求自己的人生，不以唯唯诺诺的行为来敷衍了事。唯唯诺诺是形容自己很没有主见，心中没有主意，总是一味地顺从，恭顺听话，对一些既成的事实深信不疑，缺乏一定的怀疑精神。他们身上时常显露出这样的特点：嘴里好像从来不说“不”，总是“好”“是的”；面对他人的提问，只点头不摇头。

也许，有人会问：难道他们就没有自己的想法和立场吗？当然不是，他们之所以唯唯诺诺是源于内心的不自信，以及缺乏表露想法的勇气。

老张是公司的老员工，辛辛苦苦工作多年，职位却一直没有变。在平时的工作中，他认真负责，与身边的同事相处得也比较和睦，对上司更是敬重有加，不过，进入公司快10年了，许多比他晚进公司的同事都得到了晋升，只有他还在原地踏步。同事戏谑地问他：“对你的工作挺满意吧？”他总是乐呵呵地回答：“是的。”在与同事相处中，遇到不同的意见，老张对这位说：“是，你说得对。”回过头，他对那位也说：“对，你说得没错。”这样没有立场的说话态度，让同事感到很扫兴。

实际上，老张并没有发现自己没有得到重用的原因就在于自己唯唯诺诺的性格，不管是与上司打交道，还是和办公室的同事相处，他从来都是一副唯唯诺诺的样子。这点可以从他说的话中看出来，例如，他总是说“是是是”“好好好”，从来不会说反对的意见。刚开始同事接触他，以为他这样的性格是由于陌生的关系，不想得罪人。时间长了，与同事都熟络起来，他还是这样的性格特点，同事就觉得很讨厌，而且，总觉得他这个人比较“虚伪”，所以不愿意与之交往。上司觉得老张没有自己的想法，只会一味地顺从，这样的人对公司也不会有很大的帮助，于是就一直没有重用他。

在公司，没有谁与老张能够谈得来，大家觉得他这种模糊的表达方式、唯唯诺诺的个性让自己非常不舒服。所以，最后老张既没有得到领导的赏识，也没有获得同事的好感，而且还非常令人讨厌。

当然，恭顺比较讨上司的喜欢，但是，一味地服从只会让上司感到厌烦。在更多的时候，上司希望下属能够有自己独当一面的见解，这样才能看清楚一个人的价值。如果在任何时候都显得唯唯诺诺，不敢表露自己的真实想法，诸如老张这样，将不会得到重用。对于那些唯唯诺诺的人，他们身上还会显露一个异常明显的特点：做事犹豫不决、缺乏勇气。

通常在做一件事情的时候，他们无法相信自己的判断，以至于最后他们没有勇气去做这件事情。福特汽车总裁菲利普说：“假如缺乏冒险精神，今天就没有电源、镭射光束、飞机、人造卫星，也没有盘尼西林和汽车，成千上万的成果将不可能存在。如果生活在一个没有冒险的世界里，我们必将面临重重危机。”

所以，放下自己的唯唯诺诺，塑造充满勇气的智慧人生。

人生就是充满竞争与风险的旅程，在旅途中我们经常会遭遇失败，从而承担一些生活的责任。所以，在这个过程中我们需要非常自信，不管前方充满荆棘还是一片坦途，我们都要迎着风险向前，如此就会在不可预料中收获良机。如果我们想要成就一番伟大的事业，或赢得卓越的成功，就必须克制自己内心的胆怯和怯弱，变得强大，同时具备独立自主、敢于冒险的精神。

可以说，人生最大的价值就在于冒险，整个生命就是一场冒险，走得最远的人常常是那个愿意去冒险的人。其实，冒险不仅仅是一种勇气和魄力，其非比寻常的意义在于，不管最后的结果是成功还是失败，我们都不要停止奋斗和拼搏，珍惜这样的精神，并长存下来，这就是拼搏的人生。

人生中，风险与机遇相伴，风险与成功并存。当我们想要获取财富、赢得成功，最大的秘诀就是敢于冒险。虽说冒险不是成功的唯一保证，但是不冒险绝对与成功无缘。在这个世界上，没有一条通向成功的道路是没有荆棘、铺满鲜花的。我们想要获得成功，就必须敢于冒险。否则，我们就会陷入自我设置的泥潭中，让恐惧、悲观束缚自己的心灵，最终平庸地过一生。

杰克逊这样说道："很多时候，阻碍我们去做某件事情的是自己唯唯诺诺的性格，只要鼓起勇气，相信自己，那么，人生就是美好的。"你是否能成功，关键在于是否相信自己的判断，是否具有适当的冒险精神与采取行动的勇气。如果自己总是以唯唯诺诺的性格来面对每一件事，那么，当你在犹豫的时候，就已经失去最好的机会。

比尔·盖茨说："所谓机会，就是去尝试新的、没做过的事。可惜在微软神话下，许多人要做的，仅仅是去重复微软的一切。这些不敢创新、不敢冒险的人，要不了多久就会丧失竞争力，又哪来成功的机会呢？"微软只会青睐那些敢于冒险、相信自己判断的人，而这是唯唯诺诺者身上最缺乏的精神。

启示

当不自信变成一种习惯的时候，那么唯唯诺诺的个性就已经诞生。因此，克服自己唯唯诺诺的缺点，就必须学会相信自己。不仅如此，我们还应该勇于挑战自我，这样我们才能塑造充满勇气的自信人生！

不甘于平庸，就先改变自己

人生在世，谁不渴望出人头地？美国成功哲学演说家金·洛恩说过这么一句话："成功不是追求得来的，而是被改变后的自己主动吸引而来的。"我们之所以没有成功，是因为在我们身上存在许多致命的缺点，如自私、傲慢、急躁、没有明确的人生目标、缺少自信、做事情不脚踏实地、没有耐心，等等，这些缺点严重制约了我们的发展。只有对自己进行深刻的检讨，采取改进措施，你的精神面貌才会发生巨大变化，才会感觉到自己在一天天地向成功迈进。

改变自己就要学会接受新事物，因为每个人都有无限的潜能等待开发，只可惜，我们往往限制住自己的思想。科技进步的速度快得惊人，相对也引导社会各方面的发展，如果你仍一味地沿用旧的思想、旧的做法去做人做事，那就会被社会淘汰。

所以千万不要当个死硬派，很多不该再坚持的观念，何苦抓住不放呢？接受新思想，摒弃不适当的旧观念，会使你改造自己，成为你扩大格局的好起点。

有这样一段广为流传的话：当我年轻的时候，我梦想改变这个世界；当我成熟以后，我发现我不能够改变这个世界，我将目光缩短了些，决定只改变我的国家；当我进入暮年以后，我发现我不能够改变我的国家，我的最后愿望仅仅是改变我的家庭，但是，这也不可能。当我现在躺在床上，行将就木时，我突然意识到：如果一开始我仅仅去改变我自己，然后，我可能改变我的家庭；在家人的帮助和鼓励下，我可能为国家做一些事情；然后，谁知道呢？我甚至可能改变这个世界。

生活中，我们每个人的出身都是不可选择的，但是我们人生的走向却是可以自己选择的。在感到舒适的环境里会带给自己舒适的感觉，但是可以过不一样的人生也是每个人的追求。我们若想成为一个成功人士，那就先改变自己，再去改变人生。

有人会说，我是很想立即改变现状，但周围的大环境就这样，不允许，没办法呀！他必定是忘了：一个人在面临无法改变的环境的时候，首先要学会改变自己，自己改变了，环境也会随之改变。西方有句谚语："生存决定于改变的能力。"不少人往往是一方面既想改变现状，另一方面又害怕承受痛苦，结果把自己弄得既矛盾又挣扎，折腾了一大圈又绕回到起点。改变是痛苦的，但是，如果不改变，那将是更大的痛苦。

成功学专家陈安之说："不要把赚很多钱当作你人生最重要的目标。只要你能够成为最好的人物，最好的事情也就会发生在你身上。当你想要得到一切最美好的事物，你必须把自己变成最好的人。"所以，在失意的时候，不要急着抱怨这个世界不公平，世界从来不会因为某个人的抱怨而改变。不如改变自己来适应环境，如果人是正确的，他的世界就是正确的。

"适者生存，不适者则被淘汰"，这是自然规律，世上的事物时时刻刻都在发生着改变。如果你跟不上社会的步伐，你就会被社会抛得越来越远。面对这样的状况，只有改变自己才是出路。许多时候，担心是多余的，欣然地面对现实，勇敢地接受挑战，就会塑造一个"全新的自己"。人生是由一连串的改变组成的。当你的环境、教育、经验、知识发生变化，你的心理多多少少都会产生不同程度的变化。改变就是机会，只要你及时处理，就会有好的机会与开端，而且，唯有良好的自我改变，才是改变事情、改造状况，甚至改变环境的基础。

世界是在不断发展变化的，每个人也是在不断发展变化的。变化始终存在，不管这变化是好是坏，我们必须接受，而变化的好坏往往取决于人的适应能力。要适应瞬息万变的社会，我们必须做出改变，而且，改变必须从今天开始，马上开始，从自己开始，从每一件小事开始。这样才能获得成功！

启示

适者生存，这是人类一切问题的答案。试图让整个世界适应自己，这便是麻烦所在。试图让一切适应自己，这是很幼稚的举动，而且是一种不明智的愚行。想要改变世界很难，而改变自己则较为容易。如果你希望看到自己的世界发生改变，那么第一个必须改变的就是自己。

安逸的生活是平庸的开始

在漫漫人生道路上，有着这样或者那样的选择，小到升学，大到择业。是的，在我们的一生中，不知道面临多少次选择。每一次选择都会带来不同的结果，有的成功了，有的却失败了。虽然成功与失败并不是我们所能决定的，但是多多少少会与我们的选择有关系。当你选择对了，那么你成功的概率就会大很多。事实上，在某些时候，选择会直接决定你的成败。有人喜欢平坦的大道，有人喜欢曲折的小路。在这里建议所有人：当你迷失的时候，选择更艰辛的那条路。因为困难的路越走越容易，容易的路越走越难。

什么样的选择决定什么样的生活，什么样的目标决定什么样的结果，每一次选择都是你将来生活的底片。所以，每一次选择都必须慎重，这样你才有可能为自己选择一个对的方向，促使自己的人生走向成功。否则，你终将要为你不负责任的选择买单，那是痛苦的失败。那么，认真审视，尽可能地把每一次机会都选对，这样你离成功就越来越近。

即使是来自同一块木头，它们也有着不同的选择。因为木鱼忍受不了雕刻之苦，所以只能成为一只小小的木鱼，还要整日受人敲打；而另一块木头选择了更艰辛的路，所以铸就了自己的成功，成为人人敬仰的神像。所以，你是愿意当神像，还是愿意做木鱼，决定权完全在于你自己。人生也是一样的道理，即使是相同能力的两个人，不同的选择也会带来不同的结果。

人生中有许多次选择的机会，如果你想每一次选择都为自己带来成功，那么只有选对的而不选错的。一次正确的选择，对于一个人的一生来说都是很重要的，它就如同一把打开成功之门的钥匙，只要选择对了，你的人生就会获得莫大的成功。当然，如果你选择错了，也不是完全不能成功，只不过会多走一些弯路、错路，也耽误了成功的到来。

每天我们都面临很多的选择，每天也有许多困惑和烦恼，不知道该选择哪一条，那么，不如选择艰辛的路吧。不论对与错，都要努力去做，这样你才会变得更慎重、更认真，也会从中学到更多东西，更容易成功。

有人选择了安逸的生活，有人选择了更为艰辛的那条路。年少时背井离乡，忍受着孤独寂寞，泥泞的路，孤独的背影，开心时没人分享，难过时没人可倾诉，人生就是这样。奋斗的年龄选择了努力，就要耐得住寂寞，守得住繁华。

我们就应该选择吃苦。在孤独的奋斗旅程中，谁会同情你的悲伤？谁会可怜你的懦弱？谁会陪你在原地休憩？我们只有把命运掌握在自己的手中，才能找到生命的闪光之处。从现在开始努力吧，哪怕看不到未来的希望，依然相信自己，你所感受到的压力不是别人比你努力，而是那些比你更优秀的人依然在努力。如果工作遇到挫折就放弃，生活遇到困难就怨苦，除了唉声叹气，就是怨天尤人，那安逸就注定了你平庸的开始。

世界上最可怕的两个词，一个叫执着，一个叫认真，执着的人改变命运，认真的人改变自己。舍弃安逸的生活，选择努力奋斗，只要他们在坚持的路上，就没有到不了的地方。不是每个人都能成为自己想成为的样子，但是，我们可以通过努力来实现，相信自己，选择最泥泞的那条路，便可破茧成蝶，别在最能吃苦的时候选择安逸。

哈佛学院作为世界知名的首府之一，是无数求学者的梦想。比尔·盖茨却选择了退学，这在当时看来，或许所有的人都认为他的选择是一个错误，但是，事实证明，他并没有选择错误，因为他选择了更艰辛的路，尽管开始走得比较困难，但最后却越来越平坦。

每个人都要学会为自己做一个正确的选择，那样才会促使你成功。也许，有人会问什么样的选择才是对的？其实，这个问题并没有绝对正确的答案，你并不需要问什么样的选择才是对的，而是应该问如何选择才会是对的。

启示

人生总会遇到迷茫而不知道如何选择的时候，你能成为什么样的人，取决于我们的选择，而不是我们的能力。泥泞而又艰辛的路往往会留下清晰的脚印，所以，请不要在最能吃苦的时候选择安逸，为了到达终点，请付出别人难以企及的努力。

世界上有两种人生

在这个世界上，有两种人很可能一生一事无成：一种是自甘堕落、无所追求的人；一种是轻易就觉得满足，从此不思进取的人。对于大多数受过高等教育的人而言，理想教育在他们心底早已根深蒂固，教育专家所担心的不再是个人的盲目、无知，而是要考虑怎么帮助他们树立可行的、实际的目标和理想。

因此，我们说，有的人如果了此一生仍无所作为，那他多半属于容易满足的人。古人云：“路漫漫其修远兮，吾将上下而求索。”这是对知识、对自我的一种永不满足，也只有这样的人，才能最终成就他的伟大。

世界顶尖潜能成功学大师安东尼·罗宾说：“我们当中很少有人有过这样的经验，但是有不少人看见过他人赤足走过火路的场面，特别是在寺庙的拜火祭典中。当我们看见别人平安走过火堆之后，总以为是神明在庇护那些人，或是有人预先在火堆中做了手脚，殊不知只要在妥善安排的情况下，人人都能平安走过。”

大多数人由于不了解人体的神奇机能，以无知来解释那些自己视为可怕的遭遇，便容易陷入畏缩不前的状态中。那些咬紧牙关平安走过火堆的人，他们的整个观念会有很大的改变，因为原先认为做不到的事情，竟然可以轻易地实现，而且毫发无损。原来，“任何限制都是从自己的内心开始的”。

若是被无知蒙蔽、绊倒，我们一定会非常可悲与悔恨。并不是我们天生愚昧，而是认识自己、认识事物时，你没有尽最大的努力。认识自己、把握自己，从而不断地“修筑”自己，你的事业才能尽快扬帆启航。在远行的途中，任何光彩夺目的成就只是迈向事业成功的一小步。

只有不满足于现在的成就，才能认识到自己在成功的道路上只走了一小步；只有不满足，才能不断地提高和完善自己；只有不满足，才能渴求下一次更大的成功。

人生要学会知足，不过别轻易满足。每个人的一生，总会走许多许多的路，有的是笔直大道，有的是羊肠小径，路边有繁花似锦，也有荆棘丛生，不管怎么样，路是要自己走的，苦也要自己吃，任何人都没办法给予你全部的依靠。

“球王”贝利在足坛上初露锋芒时，有个记者曾问他：“你觉得，自己哪个球踢得最好?”他回答说：“下一个!”当贝利在世界足坛大红大紫、踢进1000个球之后，记者又问他同样的问题，而他仍然回答：“下一个!”在事业上有所建树的人都同贝利一样，有着永不满足、不断进取的精神。

对于那些永不满足、希望人生能不断实现突破的人来说，人生最精彩的部分永远是在下一次，在未来。永远对未来充满憧憬，才能以更好的心态去面对、去希望，然后用这种满怀希望的心态做事，才能取得更大的成就。

启示

优秀的人永远把现在的成就看作一个新的起点，现在的成功只是万里长征中的第一步；而普通人取得一点成就，就扬扬得意，满足于现状。所以，优秀者一步一步从优秀走向卓越，而普通人故步自封，往往坐吃山空。

第2章 生活从来不会一蹴而就，也不会永远安稳

生活不会一帆风顺，也不可能一蹴而就，总会有风雨，总会有霜雪，那些困难与挫折会不期而遇，艰难险阻也会不约而至。关键在于我们要冷静应对，保持平常心态，挫折和困难也就显得不那么可怕，生活自然也会充满和气。

生活总有糟糕的一面

即便世界坍塌，仍需要保持泰然心情。威廉·詹姆斯教授曾说：“一个人要乐意接受已经形成的现实情况，因为接受现实是克服接连而来的一切糟糕情况的第一步。”事实上，不仅仅是詹姆斯教授这样想，林语堂在自己的畅销书《生活的艺术》中也阐述了同样的观点，他说：“心理的宁静来自能接受困境，因为它可以释放心灵的能力。”

确实，宁静可以释放心灵的能力，只要我们接受了最糟糕的情况，那我们就毫无损失，因为这意味着我们失去的所有都有机会找回来。毋庸置疑，这确实是源于生活的真理。

有这样一句俏皮话：心电图一帆风顺的话，就证明你挂了。生活中，谁的人生是一帆风顺呢？每个人总身处于各种境况，或顺境，或逆境，然而，顺境就好像是夜色中的绿灯，它们并非随时随地地出现，只有那么短短60秒，便跳转为红灯。当然，也不会是一路红灯。人生中遭遇逆境是一件很正常的事情，关键是我们保持什么样的态度。当一个人身处逆境的时候，若是无休止地抱怨，那红灯就会持续，没人会替你开绿灯。当生活呈现出糟糕的一面，不妨想一想曾经成功时的心情，如果曾经有，那说明曾经遇见过绿灯的你，现在只不过是短暂地经历红灯。别心急，或许下一个路口就是绿灯。

当最后一缕阳光洒落在废墟的瓦片上时，张老先生的笑容正灿烂着，人生还有什么不可能呢？再多的苦难，也不及女儿脆生生地叫一声“爸爸”。

已近不惑之年的张老先生，曾是事业单位的职工。后来企业垮掉，他没能像其他同事一样幸运地谋得好职位，只能回到老家守着一亩三分地。娶了个老实勤快的媳妇，生个大胖闺女，人生便是幸福了。

幸福吗？上天从来都是嫉妒人类幸福的。正当张老先生沉浸在幸福的生活里，他老伴被检查出患有癌症，年幼的女儿也被检查出患有小儿痴呆，自己投入的养殖业因遭遇市场瓶颈即将破产……人生还有比这个更惨的吗？

张老先生几乎一夜之间白了头，但是又有什么用呢？即便自己再抱怨，上天也不会把健康还给老婆和女儿。只有拼命向前走，才能迎来风雨之后的彩虹。不管生活给予了自己什么，一定要努力保持微笑。

威廉先生说：“如果我一直忧虑下去，那我就无法取得最后的成功。不过，只要我们做好最坏的打算，且从心里接受这个最糟糕的情况，就会发现大脑瞬间豁然开朗，若在这时集中精力思考，就一定可以解决问题。我一直使用这个方法来缓解内心的忧虑，而且极具实用性。现在，我每天都过得快乐，已经很难有烦恼在我身边驻足。”

如何让自己变得成熟起来？看完这么多故事，想必你已经找到有效的方法。是的，就是威廉所使用的方法。让我们再来回忆一遍这个方法的3个步骤吧：首先，假设发生了最糟糕的情况；其次，既然事情已经这样，不如学会接受它；最后，既然接受了，不妨静下心来思考解决问题的有效方法。当然，关键在于，马上行动起来！

启示

在现实生活中，多少人因为自己的愤怒而毁了自己的生活，他们没办法接受最糟糕的情况，没有勇气去改变自己，去挣脱禁锢内心的魔鬼。他们的自我正在慢慢坍塌，却终日沉浸在过去的痛苦之中。最后，他们不仅没有找寻到自我，反而因忧虑成疾成为悲催的忧郁者。

人生都一样，有圆有缺

生活需要热情，那种平淡无味、死气沉沉的生活给人一种衰亡的感觉。上班族中很多人都是两点一线，朝九晚五，重复着简单无聊的日子。等到有一天突然回头，你会发现自己已过而立之年，却依旧碌碌无为，只懂得生存，不知道何为快乐。这样的人未免被渲染得太过可悲，但由生存向生活过渡，很多人却实实在在用完了一生。这个过程不可谓不漫长，其间的酸甜苦辣，不用深究，其味道已浸染他的全身。

每一天清晨的霞光下，在一个个忙碌的身影中，有你，有我。一天如此，一年如此，一生都会如此。谁对生活更拥有热情，更懂得品味和享受，无疑，他就很容易寻找到快乐的足迹。

对于一个普通人来说，即便你坚信自己才华横溢，但如果你缺乏热情，你也只能停留在表面功夫的作业上，做一天和尚撞一天钟，既享受不到工作所带来的乐趣，又不会有任何升迁的机会光顾你。

生活需要热情，快乐更是由丰富的个性点燃的。当你对生活全身心投入的时候，那份专注的热情就会持久地温暖你的心，使你拥有燃烧着的快乐和付出后的满足。

“问渠哪得清如许？唯有源头活水来。”如果你是一潭死水，就只能等着变臭、腐烂、干涸；如果你是一潭充满热情的活水，你就拥有日新月异的动力，你就有热情四射的活力，那时，你对快乐的理解和体验将获得前所未有的升华。

启示

热情是快乐的秘方，是成功的催化剂。黑格尔有句名言：“我们可以肯定地说，世界上的伟大事物都是靠热情来成就的。”一个精神萎靡不振的人绝对不会成为成功的人，一个怨天尤人的人也绝对不会获得快乐的体验。

平淡是人生的底色与常态

叔本华说：“不受激情感动的日常生活是冗长乏味的。一旦有了激情，生活中却又充满苦痛。”毕竟平淡才是人生的常态，从容则是不变的心态，若盲目地追求激情，只会获得一个痛苦的人生。

如果说生活是一张色彩鲜艳的图画，你会发现图纸上给我们呈现最多的只是白色。是的，对于我们每一个人来说，生活的常态就是平淡，不大悲大喜，保持淡定的从容，我们才能深刻地体会到生活的真切。

许多人在生活中，既不够平淡，又不够从容，身边的同事晋升了，心中就腾起怒火；若是自己加薪了、升职了，则欣喜若狂，相反，如果失去发财的机会，他们就会捶胸顿足。

淡定从容是一种平和的心态，即便面对生命中的坎坷与不幸，也能以平和、不急不躁、不卑不怒的心态来面对，浅尝生命的酒酿，从而忘却心中的烦恼。

淡定从容是一种生活态度，面对生活中的失意与得意，保持平和的心境，不以物喜、不以己悲，从容不迫的心境不会因为失意而大起大落。

人的一生，总会面对得与失、升与沉、荣与辱、富贵与贫穷等这样一些迥然不同的遭遇。虽然我们只是普通人，在这样一些遭遇下，心境有可能会起伏不定，但是，如果我们能够保持一颗平常心，抑制内心情绪的波动，那么，那些遭遇不过是过眼云烟。

平静对待成功与失败，微笑面对荣辱，永远保持胜不骄、败不馁的心态，秉承着淡定从容的生活态度。

小晨从小就喜欢唱歌，大学毕业后，父亲语重心长地告诉他：“想唱歌？你到底懂多少呢？先找口饭吃，找个地方住。”小晨只身去了广州，在老乡刚开业的快餐店打工，不要工钱，只需要对方提供吃住。在餐厅里，切菜、送餐、收账，小晨什么活都干，需要做什么就做什么，而且，总是面带笑容，若是遭遇苛求的顾客，小晨依然笑容满面。

后来，小晨无意之间看见了一则琴行吉他班招聘的广告，他怀着不安的心情去面试，没想到，老板相中了小晨的琴技，当即把他留了下来。从此，小晨一边在吉他班上课，一边开始商业演出，那段日子，小晨十分辛苦，即便如此，所得到的报酬却是微薄的。不过，小晨笑着对朋友说：“至少我现在有钱养活自己，不像以前，什么都没有。”

渐渐地，小晨在当地的名气传开了，经朋友介绍，他开始在酒吧驻唱，不过，这并不是一件快乐的事情。小晨这样回忆说：“在酒吧就是这样，我们都曾碰到过形形色色的人，喝酒闹事的、砸酒瓶子的、逼你喝酒的，但这就是酒吧，我们能怎么办？我们不过是打工的，遇到这样的事情，哪怕再委屈，也只有能忍则忍。”辛苦的日子终于过去，音乐制片人发掘了小晨这颗音乐种子，开始无偿为他策划专辑、宣传，如今，他已经是炙手可热的歌手。回想起以往的经历，小晨只是感叹：“变化的是环境，不变的却是淡定从容的心态。”

当你怀着乐观、积极的心态，秉承着“知己为天所命，非虚生也”的信念，用豁达的心胸来面对人生中的成功与失败，你就会发现人生并没有那么可怕，也没有什么过不去的坎，更没有什么是放不下的。

事实上，淡定从容才是一种生活态度，更是一种心灵的至高境界。成功与失败只是生活中的一种际遇，对于我们来说，没有必要为了失败或成功而破坏自己那份幽静的心情，保持一种淡定从容的心态，毕竟，繁华落尽不过是一纸的苍凉，灯红酒绿之后不过是漆黑的夜晚。所以，怀着一颗淡定从容的心来面对生活的失意与得意，你会发现，生活的平淡是常态，而淡定从容则是不变的心态。

佛曰：“一花一世界，一草一天堂，一叶一如来，一砂一极乐，一方一净土，一笑一尘缘，一念一清静。”这一切都源于心境，不去计较生活的平淡，不为失败而生气、沮丧，一花一草便可以是整个世界，那份洒脱、那份豁达、那份心境是常人所不能有的。

人生道路上有鲜花、有掌声，有多少人能等闲视之？人生路上也有坎坷泥泞、有满地荆棘，又有多少人能以平常心视之？我们要学会坦然面对人生中的失意与得意，平复心绪，既来之则安之，正所谓“荣辱不惊，闲看庭前花开花落；去留无意，漫随天外云卷云舒”。

启示

在人生的旅途中，做好自己，即使失去了也不要过于沮丧、抱怨，即便是获得了也不要太过兴奋。人生路上，不要太患得患失，也不要太计较自己的得与失，以一份淡定从容的心态来迎接人生中的每一次挑战，这看似是生命的无奈，实则是生命最绚丽的精彩。

没有糟糕的环境，只有糟糕的心境

其实，那些心中充满抱怨的人，他们是自己跟自己较劲，既没有办法接受，又失去改变的能力，一定程度上来说，他们是可怜的。即使自己的处境再糟糕又怎么样，抱怨能改变什么呢？既然不能改变环境，何不改变自己的心境呢？

既然人生归根结底是一样，何不坦然面对过程中的悲与喜呢？在这个世界上，没有糟糕的环境，只有糟糕的心境。一个人若拥有了糟糕的心境，即便他处于多么顺利的环境中，他仍会感觉到苦闷；一个人若是拥有一份热忱、乐观的心境，那么，不管他处于什么样恶劣的环境，他依然可以过得快乐、幸福。

亚伯拉罕·林肯在一次竞选参议员失败后这样说道："此路艰辛而泥泞，我一只脚滑了一下，另一只脚也因而站不稳。但我缓口气，告诉自己'这不过是滑一跤，并不是死去而爬不起来'。"

其实，阻碍我们前行的并不是糟糕的环境，而是我们内心那份早已经发霉的糟糕心境。拥有良好的心态，持之以恒地做下去，直到最后取得成功，这样，我们就能够在糟糕的环境中坚定地走下去。

当环境变得无比糟糕的时候，不要抱怨命运的不公平。看上去很糟糕的环境，其实是顺境和幸运的表现形式，它们是我们不断前进、奋斗的源泉，是我们战胜自我的过程，是我们攀登顶峰的必经之路。只要我们不灰心，心中有不灭的希望，就不会被一时的失败所击倒，就可以开创属于自己的人生新天地。

塞尔玛随着将军去沙漠，恶劣的环境令他们感到很难受。后来在与当地人接触的过程中，她慢慢迷上了这里，通过亲身经历，写了一本书《快乐的城堡》。沙漠并没有改变，当地的印第安人也没有改变，那么，到底是什么使塞尔玛的生活发生了巨大的变化呢？当然是心态，以前有着糟糕心境的塞尔玛看到的只是泥土，当心态发生变化之后，乐观的塞尔玛在沙漠里寻找到了星星。塞尔玛的故事告诉我们：在这个世界上，根本没有糟糕的环境，有的只是糟糕的心境。

当你感到苦闷或烦躁的时候，不妨试着回想一下，那苦闷、烦躁的根源是否在于自己拥有一份糟糕的心境呢？如果答案是肯定的，那么，尝试着改变自己的心态，放弃糟糕的心境，重新以乐观积极的心态去面对，然后再来看自己的处境，你会惊讶地发现，这个环境似乎并没有想象中那么糟糕。

乔丽是报社的一名记者，最近她接到一个特殊的采访任务。当她拿到被采访者的资料时，不禁有些难过，这是一个怎样的女人：丈夫早些年得重病去世了，欠下大笔的债务，家里有两个孩子，还有一个身患残疾，女人只是在一家小型的工厂里当一名女工，微薄的薪水养着整个家，还需要还债。乔丽一下午都坐在家里，想着：她家里不知道是什么样子？女人和孩子应该都蓬头垢面、满脸悲苦，又黑又潮的小屋里没有一点鲜活的色彩，自己去了，也许只会不断地听到哭诉。

那个周末，乔丽满怀深情，按着地址找到那个女人居住的地方。当她站在门口，一时间有些不敢相信自己的眼睛，她甚至怀疑自己找错了地方，于是又向女主人核实了一遍。确认无误之后，她再开始重新打量这个家：整个屋子干干净净，有用纸做的漂亮门帘，墙上还贴着孩子上学获得的奖状，灶台上只放着油盐两种调味品，但却把罐子擦得干干净净，女人脸上的笑容就像她的房间一样明朗。乔丽坐在用报纸垫上的凳子上，热情的女人为她拿来拖鞋，乔丽看见那拖鞋居然是用旧的解放鞋的鞋底做的，再用旧毛线织出带有美丽图案的鞋帮。

女人也一起坐下来，乔丽不禁有些好奇她是怎么把这个家打理得这样舒适。女人一边干着活，一边微笑着说："家里的冰箱、洗衣机都是隔壁邻居淘汰下来送给我们的，其实用得也蛮好；工厂里的老板、同事也都很照顾我，还让我把饭菜带回来给孩子吃；孩子们也很懂事，做完了一天的功课还会帮忙干家务活……"

乔丽听着听着，眼睛有些湿润了，叹息道："虽然你所面临的环境是糟糕的，但是，你的心境却很阳光。"这并不是同情，而是一种赞叹，赞叹女人的坚强，更赞叹女人的乐观。

可能在任何人看来，女人所处的环境都是相当糟糕的，但是，拥有乐观心态的女人却用自己微薄的薪水创造了一个干净而温馨的家。或许，在我们的生活中，常常会发生许多不如意的事情，不管我们接不接受，它都会如期而至。对我们而言，需要做的是：既然我们不能改变糟糕的环境，那么，我们就改变糟糕的心境。改变那些我们能改变的，接受那些不能改变的。

启示

当你总是怀着乐观的心态去面对生活的时候，你会惊讶地发现，事情其实并没有想象得那么糟糕，无论多大的困难与挫折，都不足以毁灭我们心中的希望。只要心中有梦，希望就在，而那时我们会发现世界竟是那么美好，生活处处充满阳光。

心若静下来，福气自然来

一个人宁静的心灵越是不为恐惧所侵扰，就越是可能为欲望和期待所骚动。有时候，最不容易管住的是我们的心，今天要求这样，明天希望那样，总是翻来覆去、心猿意马。浮躁的心总也看不开人生的种种，看不开灯红酒绿，看不开金钱、权力、欲望，所以他才会感觉到人生烦恼多。

正所谓“心静自然凉”，当我们把心静下来之后，再回过头来看这个世界，是否还会觉得烦恼丛生呢？有时候，不是因为看不开，而是因为没办法静下心来。

在生活中，我们所产生的烦恼、痛苦、绝望、愤怒或者从容、自在、快乐的感觉，都源于我们内心。就好像入定时会有一只大蜘蛛不请自来对你进行骚扰一样，浮躁的心，往往会影响我们的情绪，或悲或喜，或烦恼或自在，或绝望或希望。

因为不忘初心，所以一直快乐地生活；因为心无旁骛，所以活得轻松。不忘最初的至善至美，才有如此的美好年华。人生不过如此，当你忘记初心，开始为了生活奔波，让原本轻盈的心灵负载欲望，生活只会越来越艰难，你脸上的微笑也会越来越少。

曾有人形象地把人比作一条船。在人生的海洋中，有的人像无舵船，他们幻想能漂到一个富裕繁荣的港湾，现实证明这多数是一种幻想和奢望。面对风浪海潮的起伏变化，他们束手无策，只能随波逐流，幸运者能漂进某个避风港，不幸者可能触礁或搁浅。但那些成功者，他们花时间研究计划、确定目标和航向，他们坚持走属于自己的路，从此岸到彼岸，有计划地行进，他们勇敢地做自己心灵的舵手。

好一句“随喜”，因为怀着一颗淡泊明志的心，所以才会事事“随喜”，凡事都看得开。心静下来，看什么都是没关系的，“随时”“随性”“随遇”“随缘”“随喜”人生似乎就是这样，假如每每失去或得到什么，都抱着很浮躁的心态去对待，那万事万物，千头万绪，我们是再也理不清、剪不断的。人生需要“随喜”的心态，把心静下来，处处随喜，生活自然一片美好。

每个人的际遇都是变幻莫测、难以琢磨的，每个人的心境却又迥然不同。人生在世，所遇到的不过是些这样的烦恼，事业受挫、爱人离去、亲人阴阳相隔。虽然每个人的生活大不相同，但所遇到的烦恼却是大同小异。面对这样的得失、荣辱，你会如何来应对呢？有的人得意时，就会欣喜若狂、浮躁不安；失意的时候，便会灰心丧气、抑郁不振。而有的人却乐天知命，面对人生中的大起大落，坦然自若、潇洒自如，无论是失意还是得意，他们都能微笑面对，那才叫作荣辱不惊。做人定当如此，才会轻松应对人生中的种种际遇。

每个人都在苦苦追寻着，不是荣华富贵，也不是功名利禄，而是那份淡然的心态。荣辱不惊去留无意，乐天知命了然无忧，那才是人生一种至高至纯的境界，脱离了尘世烦恼、看破了人间种种的闲适淡然。人生本来就是一场博弈，假如你痴迷堕落、迷失方向，那么你已经输了。谁拥有那份乐天知命的心境，谁就拥有了别样的人生风景。

在人生的旅途中，做好自己，认真对待每一天，即使错了也不要去追悔。我们每个人都是普普通通的人，并不是圣人，无论你愿不愿意，时光都会悄悄地带走一切，而你始终要前行。即使身心疲惫、步履匆匆，也要乐观地向前看，虽然并不知道前面是不是自己的理想之地，但你却可以对自己说“无怨无悔”。人生路上，不要有太多的患得患失，也不要太计较自己的得与失，以一份平静的心情来迎接人生中的每一次挑战，这好像是生命的无奈，却更是生命最绚丽的精彩。

人生总充满着不如意的事情，而佛法告诉我们，生命的无常是无法回避的，我们应该把心静下来，面对它、认识它、超越它、看开它。或许，许多对佛法陌生的人认为佛教是消极的，其实不然，佛教认为苦是一种客观存在。

启示

世间的一切都是由生往灭的过程，生老病死、春夏秋冬，只要我们怀着一颗安静的心看待，一切都是可以看得开的。当自己被一颗浮躁的心所围绕，我们看什么都是烦恼，什么都看不开。心若静下来，我们自然会看到生活中的许多美好，心情也一下子豁然开朗。

痛苦，让快乐倍显珍贵

幸福是一种美好的感受，而痛苦则是人主观感受上的折磨。人的天性往往是努力追求幸福而避免痛苦。然而，上帝总是成双成对地创造一切，它让幸福与痛苦也成为形影不离的好朋友，于是，幸福与痛苦之间形成了一种微妙关系。

从主观上讲，每个人都希望获得幸福而避免痛苦，但是，幸福的降临往往有痛苦的伴随，如此而诞生的幸福滋味才是令人难忘的。

试想，如果你总是轻而易举地赢得幸福，你会体会到真切的幸福吗？所以，痛苦是幸福的代价，痛苦是进入幸福之门，而且，在痛苦的穿插之后，我们的心会变得更加快乐。

一个人只要保持快乐的心情就会缔造属于自己的天堂。心理学家通常认为：糟糕的情绪往往比陷入失败的境地更加让人可怕。因为你的失败只是暂时的，而你糟糕的情绪会每天都跟随你，让你总是陷入失落的感情旋涡里，苦苦挣扎还是无济于事。

生活中我们可能会遇到各种各样的困难和挫折，但是只要你随时保持一份愉悦的心情，就会战胜困难和挫折，并且取得成功。你不能控制事情发展的方向，但是你可以改变自己的心态；你不能左右天气的阴晴，但是可以改变你的心情。只要你能够保持乐观、积极向上的心态，你就会在人生的旅途中无往不胜。

许多心理疾病都是因为沉湎于过去，且对未来期望过高而产生的，他们往往处于极度的抑郁状态。而良好的心态往往能够使自己的心情时刻愉悦，这对于一个人的身心健康是相当有利的。

一个人去寻找快乐并不是一件很困难的事情，重要的在于自己的心态。如果你是一个悲观的人，那么令人兴奋和激动的事情，在你看来也只是仅此而已，因为你内心深处始终处于悲伤的情绪，所以根本无法快乐起来；但是如果你是一个乐观的人，再悲惨的结局，在你看来还是“没有想象中的那么糟糕”，因为总是抱着最好的心态，所以在你眼中，连不幸都可以转化为幸运。

霍金先生在轮椅上度过了他人生的大部分时间，他用自己的智慧、乐观为自己的人生赢得了前后两位妻子，他用自己的坚强写下了许多不朽的著作。病魔困住了他的躯体，却并没有困住他自由伟大的灵魂。他并非从来没有为失去感到过痛苦折磨，只是他更看重自己拥有的，更重视快乐，所以，他才有更卓越的人生。

总是有人问本·沙哈尔：“你能帮我消除痛苦吗？”本·沙哈尔却感到不解：为什么要用这种态度来对待痛苦？他这样说道：“痛苦，也是我们的人生经验，会让我们从中学到很多，人生的成长和飞跃，经常发生在你觉得非常痛苦的时刻。”某些人觉得幸福的滋味太过于平淡，那么，在痛苦的偶尔穿插中，你是否感到幸福的心会更加快乐呢？

痛苦常常来得无声无息，它考验你的毅力与坚韧，假如我们能顽强地与之抗争，逃离痛苦的阴影，重新给心以幸福的方向，那么，在痛苦之后，内心会更显幸福的光芒。痛苦并不可怕，只要内心能够找到快乐方向的人，幸福的钟声一定会被敲响。

毫无疑问，幸福与痛苦就是上帝创造的一对双胞胎，它们无时无刻不游离在我们左右。幸福与痛苦来自同一源泉，一个人的客观条件不论有多好，当他与那些条件更好的人相比，就会产生痛苦；相反，一个人的客观条件不论有多坏，当他与那些条件更坏的人相比，就会感到幸福。

即使我们不与他人相比，有时候也会与自己相比：假如现在比过去好，我们就会感到幸福；假如过去比现在好，我们就会感到痛苦。真实的幸福是痛苦与痛苦之间的间隙。我们总是渴望快乐，但却只会带来失望与不满，最终导致内心负面情绪的产生。

一个幸福的人，并不是拒绝痛苦的人，他也会有情绪上的起伏，但整体上能够保持一种积极的心理。由于经常被积极的心理所引导，从而感染了快乐与幸福，故很少被负面情绪所困扰。所以，在人生漫漫途中，快乐是常态，痛苦只是小插曲。

启示

无论是幸福还是痛苦，我们都可以有所选择，主要取决于你的心态。例如，当痛苦来临的时候，所有的事情都很糟糕，但是你依然能看到事情美好的一面，那么幸福将战胜痛苦。

生活的改变是另一个开始

有人想结婚，但他马上会陷入恐慌，如果爱情无法天长地久怎么办？如果自己选错了伴侣怎么办？有人想换一份新的工作，但他马上会惶恐不安，如果自己不能胜任新工作怎么办？如果公司没办法兑现求职时的承诺怎么办？甚至，有的人想改变自己的发型，他也会担忧不已，万一新发型看起来很糟糕怎么办？如果自己因此而变得不漂亮怎么办？听起来似乎这是很可笑的事情，但事实就是如此：改变常常令我们感到局促不安。

在这个世界上，并没有一成不变的事情，每时每刻，这个世界都在发生着巨大的变化。但是，改变会引起人们内心的恐惧，事实上，几乎所有的改变都会导致恐惧，不管是好的改变，还是坏的改变，都会唤起人们内心的恐惧。

王太太年轻时，嫁给了一个地产大户，因为父母相中了对方家里的财势。第一次去他家，她看着旋转的大厅，以及宽阔的大花园，心里觉得没什么好拒绝的。于是，婚事就这样答应了下来。

结婚后，王太太过着衣食无忧的阔太太生活，老公整天忙着工作，无聊时她就约上几个朋友打麻将，或者飞到香港去购物。她常常会想：如果失去了这样的生活，自己该怎么办？当然，王太太的担心并不是毫无理由的，最近，楼市跌得厉害，许多房产大户都成了穷人家。就像经常与自己一起打麻将的张太太，去年房市低迷，他们硬是没熬过来，现在一家人挤在几十平米的出租房里。每次打电话，张太太就哭：“这日子是没法过了。”

没想到，过了不久，这样的猜想成了事实。王先生投资失败，不仅血本无归，而且还欠了几十万的债。王太太还没来得及看一眼后花园，就坐着一辆破旧的面包车走了。搬家后，他们租了房子，王先生的家人凑钱还了债，王先生和太太都开始了工作。

上班、煮饭、洗衣服、一个人带孩子，这些事情，王太太连想都没想就做了。原来，她发现自己的老公除了会赚钱以外，还会炒菜、煮饭，还会逗孩子开心。以前他太忙，两个人几乎没好好地在一起生活，现在这样的日子挺好的。王太太想起以前总害怕改变自己的生活，但是，现在真的变了，她却发现没什么不好，失去了物质上的富足，却找回了久违的家的温暖。

上帝在关上一扇门的同时，会为你打开另一扇门。当我们过着熟悉的生活的时候，总是害怕改变，但是，许多灾难、横祸是无法阻挡的，唯有改变我们的心态，以及我们内心的胆怯。不要在乎自己失去了什么，哪怕是工作、房子、信用卡，无论我们的生活发生怎么样的巨变，我们都可以从头开始自己的人生，甚至，你会重新登上新的高度。

改变，它本身带着一种破坏性，意味着你将破坏以前固有的东西，而重新去接纳一种新的东西。

有人说：“生命开始于舒适地带的尽头。”无论改变本身带给我们怎么样的不安心理，我们都要记住：生活中的改变只是一个开始，并不是一个结束。不要害怕改变，因为人生的乐趣就是接纳新的生活。

启示

几乎所有的改变都具有破坏性，即便是好的改变也不例外。但是，在生活中，许多事情都是需要改变的，那是不容拒绝的。或许，人的心理就是这样矛盾，不变让人厌烦至极，而改变却让人局促不安。通常情况下，那些熟悉的、不变的事情总会让我们感到心安。

第3章 即使日子低到尘埃里，梦想也要举得高高的

人类最可贵的本能就是对未来充满梦想，我们不仅要种下梦想的种子，而且应该让梦想的种子长成参天大树。所以，即使日子低到尘埃里，梦想也要举得高高的，永远不要放弃自己的梦想，用心灌溉，寻找心的远方，总有一天，梦想会变成现实。

心中有梦，不惧远方

美国著名作家杜鲁门·卡波特说：“梦是心灵的思想，是我们的秘密真情。”梦想对于每个人来说，有一种巨大的魔力，能够不断地召唤着我们前进，寻找着心中的远方。无论自己的梦想是多么模糊，不管自己的梦想是多么的不可思议，我们都要听从心中梦想的召唤，紧紧跟随着它，坚持不懈地走下去，梦想就会变成现实。“永不放弃”是梦想成真的信念，只有不懈地坚持，自己的梦想才能成就辉煌。

有人认为，梦想是一种虚无缥缈的东西，并没有什么作用。其实，这种想法是错误的，梦想能够使人产生一种力量、一种信念，更重要的是，梦想能够成为现实。马云最初梦想着创建阿里巴巴的时候，有人甚至讽刺他：“你要是能创建阿里巴巴，轮船都能开到喜马拉雅山上去。”然而，马云并没有放弃自己的梦想，他凭着不懈的精神，不但成功地创建了阿里巴巴，而且使阿里巴巴成为世界五大网站之一，最终到达了自己心中的远方。

生活在现代社会的我们，从小就接触“志向”“理想”这样的字眼，当稚嫩的小手写下远大的志向时，我们心中涌起的是兴奋、自豪。可是，随着时间的流逝，我们曾经立下的远大志向也日渐模糊。或者，对于刚刚进入社会的我们，心中所剩下的志向不过是“安安分分做自己的工作”。如此这般，工作就失去了前进的动力，而我们也丧失了为理想而奋斗的斗志。相信大多数的上班族每天所经历的都是这样一个状态：无精打采、计算着休息日和假期、过一天是一天。如果问他：“你有什么远大的志向？”突然之间，他会觉得茫然失措，突然发现曾经立下的远大志向早已千疮百孔。

在任何一个公司里，都有充满野心想往上爬的人，同时，也有那种只想着偷懒却没有大志的小职员。可能，刚进公司的时候，大家都站在同一条起跑线上，可是，过了几年，有远大志向的人不断地升职，或者跳槽找到更好的工作，而没有大志的小职员永远都是小人物，他们永远蜗居在公司的最底层。有人曾说：“在办公室里，只有两种角色：主角和龙套。”如果你没有做“主角”的大志，那么，你就只能跑龙套，你的志向将决定你的命运。

黎巴嫩著名诗人纪伯伦曾说：“我宁可做人类中有梦想和完成梦想愿望的、最渺小的人，也不愿做一个最伟大的无梦想、无愿望的人。”

中国探险家余纯顺在临行罗布泊时曾说：“我也许真的会失败，但我不能放弃这个梦想，就是失败，我也要当失败的英雄。”梦想是我们的目标，是不懈奋斗的动力。在这个世界上，自己身在何处并不重要，重要的是我们应该朝着什么样的方向前进，一旦放弃了梦想，就意味着放弃了前进的方向。所以，怀揣着梦想前进吧，用心飞到自己的梦想之地！

千万不要相信“我们没必要那么累，有事情让别人去做就好了”，社会绝不是一个养胸无大志的懒人的地方，你要想比别人生存得好，就要立下远大的志向，并且一定要当主角。

约翰逊说：“人的理想与志向往往和他的能力成正比。”在现实生活中，如果问到志向，有人会漫无边际地说“我想开个公司”“我想买辆车”，可现实生活中他却是一个入不敷出的普通上班族，每天幻想着不切实际的理想，其实，这根本不是志向，或者，恰当地说只能是美梦。因为，如果你不能够正确地认知自己、分析自己、改变自己，你所立下的志向，不过是空中楼阁，永远没有办法实现。

千里之行，始于足下，志向远大确实值得敬佩，但如果只是空有远大志向，不懂得自知，那么，人生也不会有正确的方向。对我们来说，志向不可虚妄，自知才能有正确的方向。

启示

我们的内心都有这样或那样的梦想，然而，在追逐梦想的过程中，挫折与困难无所不在，梦想也很容易被放弃，最终与它失之交臂。其实，梦想是人生命中最珍贵的一部分，千万不要放弃自己的梦想，要用心飞到梦想之地，让生命绽放别样的光芒。

成就梦想，订下目标是第一步

那些但凡做出巨大成就的人，他们都一定知道自己想成就的是什么。当然，他们绝不像太平洋中没有指南针的船只一样，顺水漂流。成就梦想，订下目标是第一步，然后思考如何达成自己的目标。这道理听起来好像老生常谈，但是，令人惊讶的是，许多人都没有认清：为自己制订目标以及执行计划，是唯一能超越别人的可行途径。

什么是目标？目标就是行为所需达到的目的，又是引起需要、激发动机的外部条件刺激。心理学家认为，人们的社会行为往往是内在条件与外在条件相互作用的结果。动机要能引起行动，不仅需要内在条件，还需要有一定的外在条件或环境作为刺激引起需要，如此，才能激发动机。而目标就是这些外在的刺激，它是行为动机的诱因，它能较好地刺激人们为达到自己的目的而行动。而达成目标，则使人们的某种需要得到满足。例如，哪怕是对一个即将告别人世的人来说，因为盼望儿子回来，与儿子见最后一面，这样一个既定目标带来的心理作用会推迟他的死亡。简单地说，一旦我们心中确定了目标，就会朝着这个目标不断地前进，直到达到这个目标。

在生活中，许多人的悲哀是："我不知道明天会怎么样。"这确实是人生最大的遗憾之一，因为"不知道明天会怎么样"的背后是一种迷茫中的沉沦，它将扼杀一个人的希望、信心和未来成就。

一旦你陷入对未来的迷茫中，你便无法胸有成竹地向一个明确的目标迈进。那些所谓的“千里马”一生碌碌无为，这并不是他们没有才华和能力，而是他们始终“迷茫”，他们只会埋怨“生不逢时”，或者抱怨“伯乐”有眼无珠，任自己的一生卧于马厩之中，无法驰骋疆土。

哈佛法学院教授德里克·博克曾说：“我早已致力于我决心要保持的东西，我将沿着自己的路走下去，谁也无法阻止我对它的追求。”在人生的道路上，我们做任何事情都需要有立场、有目标，这样世界才会为你让路。

每个人做出的行为都是有目的性的，一般来说，没有目的性的行为是很难成功的。可能你想成为一名政治家，想成为一名流行歌手，想成为一名将军……但是，生活中没有目标的人就是可怜的糊涂虫，他们永远没有办法找到成功的途径。

也许你现在与别人差距不大，那是因为你们距离起跑线不远，而不是你比别人聪明，或者说上天眷顾你，你是属于那10%、60%还是剩下部分，只有你自己最清楚，不过，希望你能努力成为那10%的目标清晰的人。有目标有远见的人往往可以走得更远，因为世界会为他们让路。

一个没有目标的人就像是一艘没有舵的船，永远过着漂泊不定的生活，只会到达失望和丧气的海滩。许多人即使付出了艰辛的努力，但还是无法成功。其实，这是因为他的目标总是模糊不清或者他们根本没有实际可行的目标。在生活中，一旦我们确立了清晰的目标，也就产生了前进的动力，所以，目标不仅仅是奋斗的方向，更是一种对自己的鞭策。

有人曾这样说，一个人无论他现在是什么年龄，其真正的人生之旅，是从设定目标那一天开始的，之前的日子，只不过是在绕圈子而已。要想获得成功，我们就必须拥有一个清晰而明确的目标，目标是催人奋进的动力。如果你缺失了目标，即便是你每天不停地奔波劳碌，却还是无法获得成功，而成功者之所以能轻松地走向成功，那是因为他们的目标明确、眼光长远。

人生的精彩源于志向的精彩，目标的高度决定成就的高度，其实，我们每个人都是自己命运的设计师。人生的道路该如何走、向着什么方向走、最终要达到什么样的目标……所有这些问题都应该是我们自己的立场，而不需要被别人保证。如果我们失去了自己的立场与目标，那么我们一生也不会有什么大的作为。

车尔尼雪夫斯基曾说："一个没有受到献身热情所鼓舞的人，永远不会做出什么伟大的事情。"一旦我们失去目标，就意味着失去了人生的动力，失败必将来临。当然，在追寻目标的过程中，我们应该有自己的立场，因为我们的生命不需要别人被保证。

亨利·戴维·索罗曾说："做自己的主人，人生所有的法则都将变得简单，孤独将不再孤独，贫穷将不再贫穷，脆弱将不再脆弱。"许多人用自己的行动证明了这句话。在生活这个大舞台，每个人都是自己故事里的主角，只有为自己确定"角色"，把握好自己的立场，我们才能认识这个世界，获得最后的成功。

启示

或许，我们应该这样认为，一个人无论现在有多大的年龄，其真正的人生之旅，是从设定目标那一天开始的，之前的日子，只不过是在绕圈子而已。如果你要想获得成功，那么必须拥有一个清晰而明确的目标，因为目标是催人奋进的动力，目标是你前进路上的灯塔。

梦想要敢想敢做

人的一生有太多的等待，在等待中，我们错失了许多机会；在等待中，我们白白浪费了宝贵的光阴；在等待中，我们由一个英姿勃发的青年，变为碌碌无为的中老年。我们还在等待什么？选择去尝试，总不会让自己在原地踏步。人生就是如此，只要你迈步，路就会在脚下延伸。只有启程，我们才会向理想的目标靠近。无论你的梦想和目标是什么，这些都只是你成功的开始，更重要的是立即开始行动，从而实实在在地看到成功的希望。但这一点被许多人所忽略，其结果只能是以失败告终。

很多时候，我们都有着自己的想法：希望自己将来能像松下幸之助一样获得巨大成功，希望进入自己梦寐以求的公司，谋得一个称心如意的职位，等等。但是，最终，有的人能够实现自己的愿望，走向成功的人生；而有的人却不管怎么努力也达不到自己的理想，过着不幸福的日子。

约瑟夫·墨菲说："决定你命运的绝不是才能，更不是坏境和外在条件，而是你的思考方式，即你的想法。"从现在起，想象自己要成为什么样的人，然后让这种"心想"成为一种习惯，在潜意识强大的力量之下，自己真的会成为想象中的人。你想成为什么样的人，就努力去成为这样的人；你想成就什么事业，就马上去行动。为什么不呢？因为行动就是资本。

人人都能下决心做大事，但只有少数人能够果敢地去尝试，也只有这少数人才是最后的成功者。有不少这样的人，他们并非不知道行动的重要性，但是却迟迟不愿意行动，结果又产生负疚感，造成意志瘫痪。很多情况下，人们与其说是因为恐惧而不去行动，不如说是因为不去行动而导致恐惧。许多事情的难度都因为我们的犹豫和摇摆而加大了。勇于尝试需要一种开拓进取的精神。鲁迅先生曾经说过，其实地上本没有路，走的人多了，也便成了路。所以他十分赞赏"第一个吃螃蟹的人"，那些在人类前进道路上披荆斩棘的人。

勇气是任何事业成功的基础，一个人缺乏勇气，甚至恐惧缠身，自然会一事无成。有些事看起来容易，做起来难；但现实中也有许多事情，看似很难，实际上做起来并不像想象得那样困难。有时正是由于自己的畏惧，加剧了自己的怯懦，而不敢努力去实践，甚至放弃目标。当然，对困难予以充分的估计是必要的，但不能因此而失去勇气。

我们应充分看到自己的能力，然后鼓起勇气、树立自信，同时辅之以积极的自我暗示、自我激励。如“这点区区小事不值得害怕”“别人能做到我也能做到”，以此为自己打气、壮胆。在困难与阻力面前要有一股敢斗的勇气和气势，从而战胜自己的畏惧。迎着困难与压力迈出关键的第一步，并义无反顾地大胆往前走。这样成功与希望就会向你招手。

当年，迪士尼为了实现心中的梦想，不断地呼吁建造一个乐园，可是当时有非常多的人反对他，有的人担心会对环境产生影响；有的人担心他的资金有问题；有的人甚至怀疑他的头脑有问题；有的人说政府不会批那么大的一片地。可是迪士尼不断地去想各种各样的方法：资金方面有问题，他跑了143次银行。他积极地寻求各方面资源的支持，最后，他梦想中的乐园——迪士尼乐园，终于在美国兴建，到现在，被复制到世界各地。

一个人想要获得成功，就一定要敢作敢为，否则，吃苦耐劳、勤俭节约、循规蹈矩，都将是无所作为的。在现实生活中，许多人并不是没有做事的能力，而是不敢去想，当脑海中闪现出一个大胆的念头，他就不由自主地打退堂鼓：这事儿可是从来没人做啊，我要是去做，失败了怎么办呢？有的人身在风云变化的职场，总是自贬：“我不过是一个普通的职员，能有多大的志向，还是本本分分做好自己吧。”于是，他们在这样畏惧的思想下，错过了许多机会，最终，正如他们自贬的那样，成为一个普普通通的人。

无论是帝王将相，还是圣贤豪杰，每个人都有远大的志向，只要你敢想，并朝着这个方向努力，那么，就一定会达到自己的目标。

许多人总是说“我想做……”但他们总是停留在口头表达上，迟迟不肯行动，前怕狼后怕虎，想去做，又担心失败，结果就是停在原地。多年后，依然是平平庸庸，事业也不见起色。实际上，年轻人因为有年轻的资本，哪怕失败了也可以一切重来。如果你总是犹豫不决，怕前怕后，那只会一事无成。所以，年轻人要珍惜自己的美好时光，想去做就去做，为什么不呢?

有人说，阿尔伯特·哈伯德有着无比传奇的一生，他之所以在多方面都能获得成功，是因为他从来都是想做就做，不断地朝着自己的一个又一个目标而努力奋进。阿尔伯特·哈伯德是一位坚强的个人主义者，一生坚持不懈、勤奋努力地工作，成功对于他来说是理所当然的。在《致加西亚的信》中，阿尔伯特·哈伯德讲述了罗文送信这样的情节：“美国总统将一封写给加西亚的信交给了罗文，罗文接过信以后，并没有问：‘他在哪里？’而是立即出发。”犹豫、拖沓的生活态度，对许多人来说已经是一种常态，要想成为罗文这样的人，我们就应该马上去做。

从古至今，那些大凡取得成就的人，无一不是敢想敢为的人，相比常人，他们总是多了一份勇气和智慧，因此，他们总是能赢得成功。正所谓“立志须有胆”，敢想才能敢为。

人的价值，不光是在取得非常成就时才显现的，具有尝试精神的人，他的人生，也会丰富多彩、熠熠放光。通过尝试，我们会发现自己具有取之不竭的智力潜能，会发现生命中潜藏着许多连自己也无法想象的能力。如果不去尝试，这些能力永远也没有机会大放异彩。尝试，是铸造卓越与杰出人生的一种方式，是事业成功的一条重要途径。

启示

人生需要选择，需要你果敢地去拼搏、去行动、去做自己该做的事情，哪怕你很畏惧，哪怕你很犹豫，但如果摆在你面前的路是正确的，你就要立即行动起来。

给心一个方向，为梦画一对翅膀

威尔逊曾说：“我们因梦想而伟大，所有的成功者都是大梦想家：在冬夜的火堆旁，在阴天的雨雾中，梦想着未来。有些人让梦想悄然绝灭，有些人则细心培育、维护，直到它安然度过困境，迎来光明和希望，而光明和希望总是降临在那些真心相信梦想一定会成真的人身上。”有人问，实现梦想的路在哪里？其实，心在哪里，路就在哪里。

珍妮在哈佛读研究生，她是那么优秀，才华横溢，能力卓尔不群，而且人也长得非常漂亮。当然，她可以与大多数普通的女孩子一样，大学毕业后嫁个不错的男人，过着衣食无忧、相夫教子的日子。但是，她没有选择这样的生活，而是坚持内心的选择，努力实现自己最初的梦想。

当她立下志向之后从来没有改变，心在哪里，路就在哪里，丝毫没有退缩，一直把自己当作人生的主角。无论遇到什么困难，她都能凭着自己的力量去克服它，并且以主角的姿态演出自己的人生剧本。

歌德曾说过这样一句话："一个人要想成功，首先要视自己比实际的自己更伟大才行。"人生漫漫征途，在前进的旅程中，我们要找准自己的位置，在生活这片蓝天里，给自己准确定位，因为只有定位了自己，才能定位未来。人活于世，每个人都有自己的价值，都是独一无二的自己，我们切不可因为在某方面逊色于别人而失去自我。

当然，每个人都希望自己能够翱翔蓝天、驰骋大地，但是，在梦想开始放飞之前，我们需要清楚地认识自己，你是否具有翱翔的能力？你是否能够驰骋大地？如果在没有了解自己的情况下就擅自定位，一旦梦想跌落，内心的失望是无法忽视的。另外，无法给自己准确定位，只会导致好高骛远或者内心自卑。每个人都是特殊的个体，上帝赋予我们独特的个性，是要我们走出盲目模仿别人的樊篱，找准自己的位置，人生将变得丰富多彩。

活着，就要学会善待自己，在失意时鼓励自己，在得意时勉励自己。在漫漫人生旅途中，任何人都无法避免偶尔的挫折与困难，但是，不管受到什么样的打击，即使正在经历痛苦、难堪，都不应该忽视自己的价值，不要觉得自己一无是处，也不要妄自菲薄。以一份崇高的使命感，展现出自己的人生价值。

马云曾说："第一，有梦想。一个人最富有的时候是有梦想，有梦想是最开心的。第二，要坚持自己的梦想。有梦想的人非常多，但能够坚持的人却非常少。阿里巴巴能够成功的原因是我们坚持了下来。在互联网激烈的竞争环境里，我们还在，是因为我们坚持，并不是因为我们聪明。有时候傻坚持比不坚持要好得多。"

每个人都想成为高大的树木，渴望矗立在高处俯瞰这个世界，但是，生活的现实与残酷却让我们成为一棵棵小草。与其他人相比，自己的生活显得那么不堪，于是，许多人觉得自己没有价值，或许会在庸庸碌碌中度过一生。

其实，小草也有它的价值，当所有高大的树木都已经枯亡时，那一片绿意盎然的小草却释放着最后的美丽。它们并不想成为高大的树木，它们深知自己的价值是什么，它们只想做自己，怀着这样一份希望，它们自然生机勃勃、春意盎然。如同小草一样，我们每个人都有自己的价值，没有任何人或事能够取代我们，也没有任何人或事能够贬低我们，除非我们自己看轻自己、自己贬低自己。

启示

人生的最大意义在于奋斗，为自己的梦想而奋斗，会让我们感到充实和快乐。有梦想的人从来不会感到空虚，因为他们懂得自己内心最想得到的是什么，并且朝着这个方向不懈地努力。

追梦途中，勇敢地做心灵的舵手

许多人竟然不知道自己的梦想是什么。而没有梦想的人，就没有目标，没有奋起直追的持久动力。这时你应该了解自己，倾听自己内心的声音，了解自己真正感兴趣的是什么，然后以自己的才能与爱好来作为树立梦想的参考。

人应对自己的特点有所了解，首先确立目标，有的人以自己身边或媒体宣传的人作为自己的目标；有些人的梦想与兴趣、爱好、特长相关，例如喜欢唱歌的人希望成为歌手，喜欢跳舞的人希望成为舞蹈家。当然，有些人思想不够成熟，有时候追求的梦想不稳定，今天喜欢唱歌，明天喜欢跳舞，所以我们应适时学会听从自己内心的声音。

很多人，在刚刚步入社会时，大多拥有自己的想法，给自己设计了诸多条成就大事的道路。然而没过多久，在压力及现实面前，一部分人就高高地举起双手，早早地屈服。自己的理想只存留于幻想中，甚至越来越不被提及。

在人生的关键时刻，李欣汝选择了听从内心的声音。当《丑女无敌》第一季播出之后，创下收视观众2.4亿人次的惊人纪录。而李欣汝所扮演的林无敌这个形象也受到了观众的欣赏与认可，同时，她本人也获得了成功，成为湖南卫视年度最佳新艺人，成为2008年最深入人心的电视剧形象之一。而且，她的名字还出现在2009年度福布斯名人榜中，她终于成功了。

许多事实证明，别人给予你的意见和评价，往往不是绝对正确的。20世纪伟大的科学家爱因斯坦4岁时才会说话，7岁才会认字。老师给他的评语是“反应迟钝，不合群，满脑袋不切实际的幻想”；享誉世界的音乐家贝多芬学拉小提琴时，技术并不高明，他宁可拉他自己作的曲子，也不肯做技巧上的改善，他的老师说他绝不是个当作曲家的料；大文豪托尔斯泰读大学时因成绩太差而被劝退学，老师认为他“既没读书的头脑，又缺乏学习的兴趣”。如果以上诸位成功人士不是走自己的路，而是被别人的评论所左右，那他们就不会取得举世瞩目的成就。

如果身边的朋友、家人建议你去银行当职员，但事实上你只是喜欢待在蛋糕店里做蛋糕，那么你的选择是什么呢？曾经有人抱怨：“我很想成为一名歌星，但是我父亲却希望我能成为一名医生，我该怎么办呢？”我想这句话非常适合他：别人的期望，不能成为你被迫选择的理由。

一旦你确定了自己的梦想，就需要切断自己的后路，因为现在你只剩下自己和梦想了，已经不能回头。现在你已经无路可退，你已经站在梦想的面前，你需要做的就是如何完成自己的梦想。假如你总是在猜测：这是我内心的声音吗？你将永远一事无成，因为这个质疑会阻碍你去完成梦想，最后你将失去尝试的勇气而不愿意再跨出下一步。

你不必过于在意别人的看法。用心思考，你会发现，几乎每一个成功的故事都源于一个伟大的想法，而故事的主人公无一例外地会遇到怀疑和困境。他们的过人之处就在于能够使这些杂音在头脑中沉寂下来，让自己静静地倾听真正的声音。他们的“疯狂”并非真的盲目，其中蕴含着目的与方法。人活着并不是因为千篇一律而有所价值，那些伟人都是拥有自己独特的思想并坚持自己的人生方向。

启示

很多特立独行的成功者在走自己的道路的过程中，总会听到别人不同的意见，但他们对自己的信念始终坚定不移。当别人对你的行为持有怀疑甚至是反对的态度时，坚持自我的意见，才能有更大的突破。如果你对自己选择的路不迷茫，持续努力，那未来一定会有所收获。

成就你人生的，往往是最初的梦想

每个人都应该有一条属于自己的路，千人一面的人，是不会令人欣赏的，只有特立独行才能吸引人们的注意。许多人不敢特立独行就是因为他们没有敢为天下先的勇气。抛开自己的成见，克服自己的怯弱，自己的人生还得自己来书写，不要成为和别人一样的人，为什么不将自己的特色展现出来，为什么不让自己的优点、长处凸显出来？

一位教授说："哈佛不需要只会考试的应试机器，我们要求学生：有鲜明的个性、有学术精神、有领导能力。哈佛所培养的是国家未来的精英，是在政治、法律、金融、管理和学术等各个领域的顶尖精英。哈佛重视的是一个人的综合素质，从知识的适应能力到创造精神，从博雅文化到领袖气质。"

一个人有雄心是一件好事，这说明他有抱负，有宏伟的志向。有雄心的人会有坚强的意志去实现自己的目标，雄心会在潜意识中激发人的斗志。只要有雄心，目标就不再遥不可及。任何困难在有雄心的人眼中都不是困难，而是成功路上的垫脚石，有了这些垫脚石，就能更快更容易取得成功。

有人说："积极创造人生，消极消耗人生。"只有好心态的人才能驾驭自己的人生，也才能收获幸福与快乐。"心态决定命运"，自然，良好的心态必将带来好的命运及好的一生。

很多时候，一个人在成功路上的最大障碍恰恰就是自己。

因而，你应该努力学会清除前进路上的荆棘。自私自利、贪图安逸、傲慢无礼等都是阻止自己前进的障碍；怯懦、怀疑和恐惧则是自己最大的敌人。所以，你要时时警惕自己身上的弱点，拥有征服自己的勇气，就会征服一切困难。

人生最强大的敌人就是自己，最大的挑战就是挑战自我。自信方能自强。只有自信，才能做到知难而进，才能有临渊不惊、临危不惧的英雄本色。很难相信一个连自己都不敢肯定的人能够得到别人的认可，只有真的相信自己，才能够得到别人的信任，也才能够创造出自己事业上的奇迹。

生活绝不会怜惜失败者，在挫折面前，勇者进懦者退。人生的成功属于在失败中坚持崇高理想的强者。自信的树立与巩固，与人生的不断收获是分不开的。自信不是天生的，也不是想达到什么程度就达到什么程度。当人们在具体的职业上，经过不断的学习，增添了新的智能并在实践中加以良好的运用，从而不断取得新的成效且有所进步、有所发展时，自信心就会不断地提升，长此以往，形成一种自觉的心理态势，达到“自信人生二百年，会当水击三千里”的境界。

培根曾说过：“人人都可以成为自己命运的建筑师。”当我们面对前进路上的荆棘，不要畏缩，因为通往云端的路只会亲吻攀登者的足迹；当我们面对人生路上的挫折，不要灰心，因为试飞的雏鹰也许会摔下100次，但肯定会在第101次试飞时冲入蓝天。

失败是人生的熔炉，它可以把人烤死，也可以把人变得坚强自信。这就要看你面对失败的心态是否乐观。若是你不战自败，那你就彻底陷入失败的沼泽中。此时，你输给的不是别人，而是自己。

命运往往就是这么奇怪，它在赐予一个人成功之前，大都要设置一道道屏障，来考验一个人的毅力与勇气。因此，那些怯懦者，只能在失望和抱怨中走过一生。只有那些知难而进、勇于跟厄运搏击的人，才能最终品尝到命运之神的精美馈赠。

在通向成功的人生征途中，必定会荆棘丛生、困难重重。当你走在这条征途上时，是否会因为遇到困难而畏缩不前？是否会因为遇到挫折而自暴自弃？成功始于自信，这个道理人人皆知，但并非人人都能做到。试问：当艰巨的任务摆在你面前时，你能够充满信心地勇敢上前吗？

人的一生中想得最多的是战胜别人、超越别人，凡事都要比别人强。其实，人一生中面临的最大困难和敌人就是自己。战胜了自己，你将战胜一切！

启示

我们生活在竞争如此激烈的社会，与天斗，与人斗，每个人都想获取胜利、出人头地。但是，经过多次的失败，我们才真正地明白，那个最终使我们受伤的强大的敌人，就深深地隐藏在我们自己的心中，这个世界上真正能够打败你的人，唯有你自己。

第4章 接受生活的无力感，才能更好地出发

现代人最大的孤独就是对生活的无力感，我们在生活和社会双重压力的夹缝中煎熬地活着，免不了会受到各种因素的影响，容易产生对生活的无力感，感到莫名的疲惫，对什么事情都提不起劲。我们只有接受生活的无力感，才能更好地出发。

生活还是生存，这是个问题

今天的你是否依然在坚持最初的梦想，拼命挥动着那已不再稚嫩的翅膀？还是早已被岁月打磨得忘了梦想，被现实逼迫着进入残酷的生存游戏？对现代人来说，摆在面前的问题是选择生活还是生存。

尽管我们每个人都将“生活”这两个字挂在嘴边，不过当夜幕降临只剩下自己一个人时，不妨叩问自己的内心：我真的在生活吗？还是仅仅为现实所迫苟且地活着，每天进行着无可奈何的生存竞争？当初那个童年时期的自己憧憬的生活真的是现在这样吗？还是每天一日三餐不落地应付着生存游戏？那曾经为梦想而展开的翅膀，是不是仅仅在现实生存的游戏中挣扎？

生活中，有朋友总开玩笑：体会不到非常真实地活着的感觉，那种肌理清晰的感觉，再也感受不到了，活着没有特别幸福和快乐，也没有特别悲伤的感觉，只是行尸走肉地活着，漫无目的地游荡着，找不到前进的方向，这就是典型的生活无力感。

活着，是选择生存还是生活，这两者之间还是有区别的。生存是为了活着而活着，没有方向，没有计划，只是活着；生活是为了更高的目标和方向去努力生活，给家人更好的未来。它们所渴求的理想底线也不尽相同，生存以维持存在的目的为底线，生活是要生存和活得更让自己觉得心甘情愿、有意义。

如果活着是为了生存，那只是一个基础，有的人一生为了生存而奔波。生活是一种享受，但是生活必须建立在生存的基础之上。毛德·冈的一生都在为民族解放而奋斗，他说："我生活，别人紧紧生存而已。"这就反映了对生活的一种态度。苏格拉底也曾说："他人为食而生，我为生而食。"到底是为活而吃，还是为吃而活？显然，活着就是为了吃是生存，吃是为了活着是生活。

生活的意义到底是什么呢？威廉·巴特勒·叶芝做出这样完美的解释："美是由三类人造就的。贵族造就了美的风度，因为他们在世间的地位使他们超乎生存的恐惧之上；农民造就了美的故事和信仰，因为无可丧失，故无所畏惧；艺术家则造就了其余的一切，因为他们天生就充满无畏的精神。这些人都无所畏惧，故能坚持他们所喜欢的东西。"那么，活着的意义就是不以生计为意，而以美的创造为乐是真正会生活之人的共同之处。平庸之人只会过日子，有的人活着超越了生存，有的人为生存所局限。

那么，可能有人会问：天天灯红酒绿是不是超越生存？当然不是，这些只是消费，而非创造，毕竟饮食男女和低级游戏是所有生物共有的本能。只有智力创造和道德修养之类的高级游戏才超越这一切之上，才让人之所以为人。现代人的生活几乎在赚钱和消费之间游离，缺乏独特的创造，甚至没有够水准的业余爱好，即便有兴趣，在他们心目中也被摆放在远远次于谋生的位置。生活的意义，不介乎等级，不介乎贫富，而在于心灵的充实，“一箪食，一瓢饮，在陋巷，人不堪其忧，回也不改其乐”，其实也很快乐。

现代人裹挟着压力与痛苦，煎熬地生存着。有的人对生活完全没什么兴趣，他们只是被动地生存，就好像天边的鸟群，追逐着群体的流动。有的人做到了爱好和职业重合，那么他们是幸运的，这样就可以获得较大的自由，他们不必为了生计被迫或违心地做自己不喜欢做的事。如果你从事的正好是你喜欢的，那一切顺乎你的性情，合乎你的兴趣，事业就是兴趣，生计和收入反而成了陪衬。

所以，认真地生活吧，别总说自己尚未到可以掌握自己未来的年龄，这不是你向现实低头的理由，生活很近并不遥远。或许你正为了家庭生计而忙碌，每天重复着工作、吃饭、回家、睡觉，可能你会说现在的重复是为了未来过上想要的生活而不是生存，但是当你真正走到你所说的将来，你会发现自己被现实狠狠地打了一耳光。你并没有过上你想要的生活，你只是更懂得生存了，在无奈的生活中，你错过了生活的真正美好。

启示

这两年流行的一句话：生活不止眼前的苟且，还有诗和远方。其实，诗和远方真的很远吗？只要我们怀着生活的希冀，生活也有诗和远方。你不妨问问自己是否在生活，是否在追寻自己的生活，是在现实中向生活高高地昂起头还是在现实打压下放弃了自己的生活理想。

无目的的忙，会变成“盲”“茫”

日本女作家吉本芭娜娜出版了40本小说和近30本随笔集，《鲤》杂志采访她：“许多女人生了小孩之后就没有闲暇时间了，您现在有了孩子，是如何抽出时间来写作的呢？”吉本芭娜娜说：“确实没什么时间，但是我一直在拼命。为了争取多一点的写作时间，每天我都在与时间赛跑，最夸张的时候，你能想象吗？我几乎是站着吃饭。”估计许多人看到这里会感到羞愧吧，比起吉本芭娜娜，许多人总是感慨自己时间不够、事情做不完，却从来不去利用那些零碎的时间。

人活于世，仅仅知道做什么是不够的，因为人的命运取决于做事的结果，而结果取决于做事的方法。做事持之以恒、有毅力、肯努力，这些都是优秀的品质。然而，方法比努力更重要。抓不住事情的关键所在，只知道埋头干事的人，只是白费气力，也解决不了问题。

从来不说时间不够，任何时候都保持勤勉的态度，是洛克菲勒成功的秘诀。洛克菲勒之所以能够获得成功，就因为他始终如一地保持勤勉的态度，从来不以忙和没时间为借口。他的勤勉已经成为顽强的奋斗，在他的眼里，一天24小时已经不够用，他希望能在一天内工作更长的时间。只有勤勉的人才能够尝到胜利的果实，只有勤勉的人才能够得到命运的眷顾。所以，洛克菲勒用自己的实际行动证明了这样一个道理：如果你是一个做事勤勉的人，那么成功就已经离你不远了。

无数人的实践经验证明了这一点：单纯地努力工作并不能如预期的那样给自己带来快乐，一味地勤劳并不能为自己带来想象中的生活。懂得思考、掌握方法，这才是做事最关键的一点。

身处竞争激烈的社会中，同样一项工作，有的人可以十分轻松地完成，而有的人还没有开始就时不时出现这样或那样的问题。其中的关键，就在于前者用大脑在工作，想方设法去解决问题。只有在工作中主动想办法解决困难或问题的人，才能成为单位里最受欢迎的人。

在生活中，我们不可能总是一帆风顺的，当遇到难题的时候，绝对不应该一味下蛮力去干，要多动脑筋，看看自己努力的方向、做事的方法是否正确。

成功与失败看起来似乎有天壤之别，但促成它们形成的原因，或许就是一些小小的细节、小小的习惯，例如常常为自己没有完成的事情寻找借口，而大部分的借口则是“我很忙”“我没时间”。失败是没有任何借口的，失败了就是失败了，我们在接受失败这个事实的同时，需要反省自己，而不是为失败寻找借口。当然，成功并不是那么随随便便就能达到的，我们必须付出艰辛的努力，在成功的道路上，我们要不断为之寻找方法，那些坚持、付出的汗水与艰辛才能够铸就最后的成功。

从小到大，在我们的美德观中，努力与坚持都占据重要的位置。我们无一例外地被教导过，做事情要有恒心和毅力。“只要努力，再努力，就可以达到目的。”这样的观念根深蒂固地存在于某些人的头脑里。

一个人如果按照这样的准则做事，就会不断地遇到挫折和产生负疚感。由于“不惜代价，坚持到底”这一教条的原因，那些中途放弃的人，往往被认为“半途而废”；那些另寻出路的人，也被人称作逃兵。

不掌握正确的做事方法，往往也是无用功。正确的方法比执着的态度更重要。调整思维，尽可能用简便的方式达到目标，选择用简易的方式做事，这是聪明人做事的方法。

人们关于自己的未来总会有很多规划，但当他们未能完成时总向别人推诿：“我最近很忙，根本没有时间。”迟迟不见有行动，但是如果你想有所获得、有所成就，做哪一件事不会耗费时间呢？我们经常看到优秀的人，举手抬足优雅，且写得一手好字，当你在羡慕对方的时候，是否想到对方为了培养仪态、练字又一个人度过了多少沉默时光呢？忙和没时间是最烂的借口，因为每个人的时间都是公平的，之所以会抱怨没时间，不过是因为你在其他事情上浪费了时间。

财经作家吴晓波说：“每一件与众不同的绝世好东西，其实都是以无比寂寞的勤奋为前提的，要么是血，要么是汗，要么是大把大把的曼妙青春好时光。”如果你倾力付出自己的努力，那早晚会从量变到质变，你现在走的每一个脚印，都会成为将来实现人生飞跃的跳板。

我们总会制订许多计划，看书、运动、旅行等，不过常常因没有时间而不得不放弃。难道你的生活真的有那么忙吗？真相到底如何，大家心知肚明，别总以忙和没时间为借口，那不过是在为自己的懒惰找理由而已。你若坚持努力，未来一定会发光，因为时间是所向披靡的武器，聚沙成塔，将人生一切的不可能都变成可能。

每个人都要努力做到：用脑去想，用心去做。学会思考，学会发现问题、解决问题，学会认认真真地做好每一件事。聪明地做事，好机会就会来到你的身边。大部分人都专注于他们的欲望，无所作为地工作，以至于没有时间来思考少花时间和精力的方法。缺乏思考能力和高效做事方法的人，他们往往事倍功半，费力不讨好。

启示

对于现实中的人来说，在学习和工作中，努力是好事情，但是光努力是不够的，还要多动脑、多思考，这样才能真正做出成绩。要善于观察、学习和总结，仅仅一味地靠苦干，只埋头拉车而不抬头看路，结果常常是原地踏步，明天将仍旧重复昨天和今天的故事。

你空虚无聊只会玩手机吗

塞涅卡说：“人类最大的敌人就是胸中之敌。”在现代人的字典里，“空虚”这个字眼所蕴含的分量似乎越来越重。许多上班族都有这样的经历：“我有工作，但是，一天什么事情都不想干，总是提不起精神。面对着电脑，也不知道自己要做些什么，真不知道以后的日子该如何走下去，心里空虚得要命。”

空虚，是一种消极的状态，它使人们不能明确自己的目标，不知道今后的路该怎么走，更重要的是，在这样的心理状态下，压力很容易“钻”了空子。他们常常因压力而胡思乱想，把怒火撒到其他人身上，而且，还自认为生气是很有道理的。所以，如果你是一个空虚的人，需要时刻警惕，不要让自己掉入压力的陷阱。

信息时代，智能手机已经进入生活的方方面面，除了可以打发每个人的碎片时间，其他诸如购物、社交，甚至工作都可能需要用到手机。于是，人们每天使用手机的时间越来越多，那么你每天花多少时间玩手机呢？

在生活中，人们往往存在不同的心态，有的人乐观，有的人却悲观，乐观的人情绪平和安静，而悲观的人很容易受到情绪的影响。其实，空虚本身就是一种悲观的心态，空虚的人很容易陷入自我休眠中，因为找不到前方的路而迷失自我。

心中没有方向的人总是花很多的时间和精力来想一件事情，哪怕只是一件微不足道的事情，他们想着想着，也能想出压力来。心的无力感让他们产生诸多不安的情绪，在很多时候，他们自己也很想从空虚感中摆脱出来，可是，越是空虚，越是容易感到压力，越是感到压力，越感到前途渺茫。在这样的情绪循环中，负面情绪越来越汹涌，并渐渐主宰了他们。

大部分无聊空虚的人玩手机上瘾、刷朋友圈上瘾，每天只要一有空就去刷下朋友圈，甚至有种习惯，工作一会儿就喜欢去点开看一下。其实很多时候别人都没有更新动态，刷了几次还是那几条。但是手就像着魔一样，总是想去看看。

手机的高频率使用，导致一大批手游滋生。平日里喜欢在电脑上玩游戏的人，开始将注意力集中在手机上，毕竟比起电脑，手机更便于携带、更好操作。于是，人们花了更多的时间在手机上玩游戏。

在人生的旅途中，成败得失，恩恩怨怨，乃至空虚寂寞，始终伴随着我们。如果我们总是把这些伤心的话、烦恼的事情、无聊的事情永远留在心里，无异于背上沉重的包袱，套上无形的枷锁，同时，也让郁积在心中的不良情绪有了可乘之机。

有时候，为了摆脱空虚，人们会沉浸到另外一种空虚的生活中，漫无目的地游荡、闲逛，消磨大好时光，因此，空虚所带给我们的，是百害而无一利。

俗话说：“治病须治本。”空虚产生的主要原因是对理想、信仰以及追求的迷失。知晓了空虚产生的根源，那么就要对症下药。树立远大的理想、拟定明确的人生目标，这都可以成为消除空虚的最有力武器。当然，并不是说你树立了目标，空虚就被驱赶走了，而是当我们坚定地朝着自己目标前进的时候，空虚才会慢慢地离我们而去。

有时候，即便是两个人生活在同一个环境中，但由于心理素质不同，人生的结果也会不同。有的人遭遇一点点挫折就偃旗息鼓，他们很容易就陷入空虚中；有的人面对困难却丝毫不畏缩。所以，提高自我的心理素质，也能够将空虚及时地消灭，不给它进一步侵蚀心灵的机会。

生活本身是美好的，主要是看我们以怎样的态度去面对它。对生活缺乏热情的人，他们心中只有空虚，以及百无聊赖的寂寞，而那些对生活充满热情的人，哪怕是面对寻常的景色，他们依然积极地去感受大自然的美丽。当那份热情填补了生活的空白，你哪还有精力和时间去空虚呢？

启示

从心理学角度说，空虚是一种消极情绪。那些空虚的人，无一例外都是对理想和前途失去信心、对生命的意义没有正确认识的人。他们对现实消极失望，以冷漠的态度来对待生活，遇人遇事就摇头。但是，当你的生活被不断充实起来，那空虚就无处遁形。

习惯性无助软弱了谁

有这样一则故事：人们捕捉到一头小象，他们把小象养在木桩制成的范围内。小象小时候曾想过逃跑，但是，那时候它力气还小，无论怎样用力都对付不了木桩。时间久了，在小象内心深处就树立了一个牢固的信念：眼前的木桩是不可能被扳倒的。即便后来小象长成大象，它已经有足够的力量去扳倒一棵大树，但却对圈禁它的木桩无能为力。这是一个奇怪的现象。

其实，这种现象就是“赛里格曼效应”，通常指动物或人在经历某种学习后，在情感、认知和行为上表现出消极的特殊心理状态。一旦沾染上“习惯性无助”，人会在内心给自己筑起一道永远的墙，他们坚信自己无能，放弃任何努力，最后导致失败。

习惯是一种自然，人们不自觉地沾染上习惯性无助，就会有一种“破罐子破摔”“得过且过”的心态，而且，这种消极心态还有可能传染给他人。有的员工在给客户打电话做业务的时候，电话还没有接通就开始说：“你们没有这个计划啊？那好，再见。”脸上没有失望的表情，似乎已经习已为常，即使上司告诉他“这个单子你去跟一下”，他也会无奈地表示：“跟了也没用，他们没兴趣的。”这些都是生活中典型的“习惯性无助”，也许他们就是我们的一个缩影。

教授罗伯特先生这样告诉他的学生：“在我们的身边，可能也有许多人在经历过挫折之后就觉得自己什么都不行，但是，我希望你们今后彻底打消这种念头，无论什么时候，在做任何事情之前，都不要急于否定自己。”

多次失败之后，人们成功的欲望就减弱了，甚至会习惯失败而不采取任何措施。其实可怕的不是环境，不是失败本身，而是这种无能的感觉以及我们面对失败的态度！当习惯成了自然，习惯性无助就会粉墨登场——破罐子破摔，得过且过，从而成为侵蚀组织躯体的蛀虫。

人们常常在经历一两次挫折之后，就好像失去了挫折免疫能力，他们对于失败的恐惧远远大于对成功的希望，怀疑自己的能力，使得他们经常体验到强烈的焦虑，身心健康也受到影响。

他们认定自己永远是一个失败者，无论怎么样努力都无济于事，即使面对他人的意见和建议，他们也还是以消极的心态面对生活。这样的心态，我们应该尽量避免，正确评价自我，增强自信心，让心坚强起来摆脱无助的境地。

启示

经常把“我不行”“我不能”挂在嘴边，是非常愚蠢的做法。因为心理暗示的作用是巨大的，当自己在经受某个挫折后就断然给自己下结论“不行”，实际上是给自己一个消极的心理暗示，时间长了，你真的会习惯性地说“我不行”。

拼命工作，是为了更好地生活

电影《杜拉拉升职记》确实红火了一把，在许多人的眼中，杜拉拉也许是我们职场中的代表，她没有多少背景，没有受过良好的教育，全靠个人的努力，当然，最终她取得了成功。仅仅从这个角度说，杜拉拉当然算是每个人的偶像。不过，尽管我们对杜拉拉的坚韧和成功十分敬佩，但我们若是从另外一个角度说，这种拼命努力的工作狂和八面玲珑的为人处世风格却也不是每个人都能做到的。

或者可以说，杜拉拉式的生活并不是每个人都想过的一种生活。对于我们大部分人而言，与其成为另外一个不要命式的工作狂，还不如做回自己，静心地享受生活。生活中，那些工作狂为什么那么拼命地工作呢？他们最主要的目的就是挣钱，而挣钱为了什么呢？难道仅仅是为了让自己的生活更物质一些吗？在物欲横流的今天，越来越多的人物质充足，但其精神却很贫瘠，心灵无法得到休息。这主要是因为他们模糊了一个概念，挣钱的意义在于享受生活，而不是折腾生活。

中国的文化崇尚工作至上，在这种文化的影响下，许多人经常在办公室挑灯夜战，或者从来不出门旅游，这样拼命工作的人其实已经忽略生活的美好，更何况工作得多并不意味着应该受到表彰或加薪。过度工作很有可能会降低自己的工作效率、消磨自己的创造力，甚至对你与家人和朋友的关系产生负面影响。

尽管，有激情有梦想是上天赐予自己的礼物，为自己热爱的事业努力更不会是一种错误。但是，我们的休息也很重要，除去忙碌的工作时间以外，我们应该更多地享受生活，享受与家人、朋友待在一起的感觉。这样我们才能收获更多来自心灵深处的快乐。工作的功利性目的是挣钱，但这并不是其最终的目的，享受生活才是挣钱的最终目的。

生活中，享受生活是人生的特殊体验，在越来越喧嚣的尘世中，我们逐渐背离了享受生活的本质。在拼命工作的过程中，我们变得越来越提得起、放不下，为享受而享受，把挣钱、占有当作享受的终极目的。这样一来，生活中感受到的是苦多乐少。其实，享受生活是一种感知，品味春华秋实、云卷云舒，一缕阳光、一江春水、一语问候、一叶秋意都是生活里醉人的点点滴滴。

当然，有人喜欢工作是出于热爱。威廉·费尔波是耶鲁最著名而且深受欢迎的教授之一，他非常热爱自己的工作，曾经这样谈起自己的工作："对我来说，教书凌驾于一切技术或职业之上。如果有热忱这回事，这就是热忱了。我的爱好是教书，正如画家的爱好是绘画，歌手的爱好是唱歌，诗人的爱好是写诗。每天起床之前，我就兴奋地想着有关学生的事……人的一生之所以能够成功，最重要的是对自己每天的工作抱着热忱的态度。"

同样一份工作，由两个人来干，是否热爱自己的工作，效果是截然不同的。热爱自己的工作，会让自己变得十分有活力，工作干得有声有色，创造出许多辉煌的成绩；而不热爱自己的工作，则会让自己变得懒散，对工作冷漠处之，当然就不会有什么发明创造，也会影响其潜在能力的发挥。

对职员而言，你不关心别人，别人也不会关心你；你垂头丧气，别人自然对你丧失信心；你成为这个职业群里一个容易被忽视的人，也就等于丧失继续从事这份工作的资格。

乔·吉拉德曾感叹说：“我从事销售工作多年，见到过许多人，由于对工作保持活力，他们的绩效成倍地增加。我也见过另外一些人，由于缺乏活力而走投无路。我深信活力是成功推销的最重要因素。”因为对工作充满激情，才会保持活力，才不会那么轻易地放弃，而会坚持到底。

当一个人总是保持神采奕奕的状态，那他干什么事情都会坚持到底，绝不会半途而废。当然，所谓的活力源于内心的热忱，因此活力具有强烈的感染力，所有和它有过接触的人都会受到其深远的影响。

启示

当一个人拼命工作到忘记了家人和朋友，尽管他的物质生活是富足的，但其精神生活却是一片贫瘠，他的内在心灵更像是一片荒芜的花园。因为他不懂得享受生活，自然感受不到来自生活的快乐。

现代人的孤独无处诉说

你觉得什么最可怕？孤独。孤独能让人窒息，一个人孤独的时候，常常是最无助的时候。那种感觉就好像这个世界只剩下自己一个人，自己被所有人抛弃了，内心的空虚感、寂寞感一起袭来，有时候甚至丧失了生活的勇气。所以孤独被人们看作最可怕的敌人，他们害怕自己会孤立无援，害怕只有自己一个人，因此心灵也会变得十分脆弱。其实，对内向者来说，孤独并不可怕，可怕的是当你面对孤独时放弃了生活的希望。学会战胜孤独，当孤独的痛苦笼罩你时，你就应该面对它、看着它，不要产生任何想要逃跑的想法。因为，如果你选择逃跑，你就永远不可能了解它，而它总是悄悄地躲在一边，等着你下一次孤独的到来。

其实，孤独是一种常见的心理状态。孤独感是人们在思想上、行为上的体现。人们常常说的孤独其实包含两种情况，一种是由于客观条件的制约所引起的孤独，他们由于种种原因不得不长期远离“人群”，而以一个人或者是一群人的方式独立起来。例如远离城市到边疆哨所为人们站岗的士兵们；长期坚持在高山气象观测站工作的科技工作者；长期为了工作而四处航行的海员。这样的孤独是一种有形的孤独，因为他们没有亲人朋友在身边。而大多数人的孤独是第二种，它是“无形”的孤独。

很多有孤独感的人，并不是自己愿意孤身独守，他们有的是在人生的路途中遭遇了坎坷，陷入无边的孤独和痛苦中不可自拔；有的是得不到别人的理解，也不愿意去理解别人，于是选择洁身自好；有的是看不起自己，不相信自己，有一种深深的自卑感。于是，他们在面对孤独的时候，甚至没有抗争就束手就擒。所以，他们陷入没有边际的痛苦中，与孤独为伴。

有的人是因为内心世界的封闭使他们无法通过感情交流来建立真正的友谊，友谊的缺乏使现代人陷入一种强烈的孤独中。有的人这样来描述自己的感受：“在这个世界，我感到孤独、嫉妒、愤怒、紧张。”无论是因为人生境遇，还是因为自己的感情失意，孤独在无形中已经成为他通往正规工作和生活的阻碍。孤独的人应该学会在生活中拿出自己的勇气，敢于与孤独抵抗，战胜孤独。

人们有时候遭受大的磨难，就会觉得自己跟别人不一样，于是便没有勇气跟别人接触，这其实是自卑心理产生的孤独状态。这时候，要突破自己内心的屏障，相信自己，钻出自织的“茧”。这时候，你就会发现，其实跟别人交往是一件很容易的事情。

如果觉得自己内心是孤独的，你可以适当地转移注意力，有计划地生活，把自己的注意力转移到工作、生活上来。在工作中，除了努力工作，还要适时与同事交流；在生活中，走出心理的黑暗，结交新的朋友，建立新的生活，重新树立起生活的信心。这样，你就会发现，能够与大多数人生活在阳光下是一件很惬意的事情。

孤独者都有这样的情况：当你与很多人在一起的时候，你会感到特别孤独，并且比自己独处时更孤独。因为与他人的格格不入，让你陷入孤独的境地。那么，你就应该为别人做点什么，帮助别人，获取别人的好感，为自己争取一份友谊。

一个孤独的人，总是把自己关在自己的小屋里。这样，精神会长时期地受压抑，会使自己的性情越来越孤僻。那么，试着走出家门，出去呼吸一下大自然的空气，感受一下街道上拥挤的感觉。这时候，你就会忘记你的寂寞，你的心情也会渐渐开朗，逐渐从孤独的城堡中脱离出来。

人们的孤独更多地来自内心深处的寂寞，因为感情，或是因为生存境遇的突然变故，使得他们内心无法承受而产生巨大的孤独感。

启示

孤独者因为受内心的折磨，精神也受到长时间的压抑，不仅会导致自己的心理失去平衡，还会影响自己的智力和才能的发挥，更会使自己心理、思想开始坍塌，精神萎靡，从而失去对事业的进取心和对生活的信心。所以，孤独是非常可怕的。面对孤独，要学会战胜孤独，才能在事业上取得成就，才会扬起生活的风帆。

走出无力感，过好当下的生活

如果你希望自己每一天都能生活得十分快乐，那么就要学会活在当下，那样才会活得自在。你要分清楚过去和现在。你的过去只会对现在产生影响，如果你被困在过去的阴影中，你就不可能快乐地生活在今天。

我们不要为明天而下功夫做准备，最好的办法，就是尽自己最大的努力，把今天的工作做到完美无缺，这才是应付未来唯一可靠的方法。奥斯勒把每一天都当作是完全独立的，他不会沉溺于过去，也不会为未来忧虑，所以他能够信心满满地应付今天的事情。生活对于他，每一天都是快乐的，每一天都是自由自在的，所以他能够在医学上取得令人瞩目的成就。

美国著名总统林肯曾经说过："大部分的人只要下定决心都能很快乐。"每个人的快乐不是来自外在，而是来自内心。只要每一天都保持快乐的心态，活在当下，你就会获得自由自在的快乐。人为什么会忧虑？都是因为沉溺于痛苦的过去，焦虑不可知的未来。如果一个人能够抛下昨天和明天，只是展望今天，那么他的压力和负担就不会那么沉重，他就可以以轻松的心情来面对今天的困难或愉悦，这样的每一天都是快乐的。

幸福的人要学会用快乐的心态来面对每一天，把"活在当下，活得自在"当作自己的座右铭。让自己去适应一切，而不是试着调整一切来适应你的欲望；活在当下，就要保持自己的身体健康，珍惜自己；在每一天加强自己的思想建设，学习一些有用的东西；试着只考虑怎么度过今天，而不是把自己一生的问题都放在一起解决。

早上睁开眼睛，你就看见外面明媚的阳光是那么的灿烂美丽，再呼吸一下新鲜空气，整个人都是清爽的，整个人都充满精神。也许你并不是每一天都能感受到大自然的美好，但是日落之后，黎明到来，那就是新的一天开始了。有人说“当我看到太阳从地平线上升起来时，就知道这又是崭新的一天”。聪明人，要把每一天都当成一个新的开始。昨天无论多么的困难，毕竟已经过去，从今天起，你开始新的生活。每天都是一个新的开始，当你这么想的时候，你已经精神百倍地去开始今天的生活。

把每天当作新生，“生活中的每一个人，在任何一个瞬间，都可能站在两个永恒的交汇点上，但是这一点已经永远地成为过去并延伸到无穷的未来”。所以我们不可能生活在两个永恒的中间，连一秒的持续时间也没有。如果你老是停留在过去的阴影里，就会摧垮你的身体和精神。所以，我们能够做的就是把每一天都当作新生，并为活在这一刻而自豪。罗勃·史蒂文生写道：“从现在一直到我们上床，不论任务有多重，我们每个人都能支持到夜晚的降临，无论工作多么艰苦，每个人都能做自己当天的工作，都能很开心、很纯洁、很有爱心地活到日落西山，这就是生命的真谛。”生命的真谛就在于把每一天都当作新的一天来度过，这样你才会把自己所有的时间和热情都放在今天，让你的生命焕发出无限的潜力。

不管昨天有多么糟糕，但是毕竟已经度过，新的一天就应该忘记充满痛苦的昨天，带着新的心情开始。你就会发现，每次只活一天是多么容易的事情。

人最可悲的，就是无视窗口的玫瑰在悄悄绽放，而去梦想着天边奇幻的玫瑰园。如果你总是怀着悲伤的、孤寂的心情度过一天，那么你就会什么事情都做不好，内心的恐慌反而会变本加厉地折磨你，你会日渐消沉，陷入人生的黑暗。无论你在生活中遇到了什么，都不要害怕，因为你每次只需要活一天。

启示

随时保持一份乐观的心情，记住每一天都是一个新的开始，不要沉浸在昨天的回忆中。新的一天，就要用尽全身的力气去表现，把自己最美丽的一面展示出来，让自己的每一天都充满精彩和欢乐。

第5章 让自己配得上所有的美好

或许你正过着焦虑的生活，或许你正经历一场灾难，或许你刚刚还流下炙热的眼泪。这样的你曾在无数个黑夜暗自难过，自己真的被遗弃了？请不要妄自菲薄，也不要早早地下结论，当前方乌云褪去、迎来灿烂阳光的时候，你配得上所有的美好。

你很优秀，似乎你并不知情

在生活中，许多人不敢追求成功，原因并不是追求不到成功，而是他们在还没有开始追逐之前就在心里默认了一个“高度”，这个高度常常暗示自己：成功是不可能的，这个是没办法做到的。

“心理高度”成为人们无法取得成功的根本原因之一，自我设限是一件很悲哀的事情，跳蚤并非失去跳跃的能力，而是它们在受挫之后变得麻木、习惯了。所以，我们要将成功的信念注入血液之中，不断地告诉自己“我能行”“我努力就一定能成功”“我是最优秀的”，以此来不断增强自信心，勇于向成功奋进。所以，如果你不逼自己一把，那你根本无法想象你是多么的出色。

对自己的怀疑，常常会让我们失去成功的机会，或是让我们放慢前进的脚步。普朗克对自己的怀疑，使整个物理理论停滞了几十年。所以，任何时候，都切莫怀疑自己，而是努力、勇敢地证明自己，这样我们才有可能站在成功的顶峰之上。

我们应该永远记住一句话：你比自己想象中更优秀。因为我们每个人所拥有的潜能都是无穷的，我们所展现出来的只是九牛一毛，还有更多的能量等待我们去挖掘。相信自己，多给自己一份肯定，自己永远比想象中优秀一点。这样，你才会成功地挖掘出自己的潜在价值，从而使自己变得更优秀。

许多人不明白自己的价值所在，他们也不知道自己到底具有多大的潜能，所以，谁也不知道自己到底会有多么伟大。事实上，一个人的价值有时候是显现的，但在更多时候是隐现的，而在每个人的身体里，都蕴藏着巨大的能量，这就是我们的价值所在。只要我们勇于去寻找真实的自我，激发出自己无穷的能量，就能够彰显自身的价值，会让我们人生的每一刻都过得精彩。

有人曾说过："1分钱和20块钱如果同时被扔进大海中，它们的价值就毫无区别。"只有将它们捞起来，并按照正确的方式使用时，它们才会显现各自的价值。

每个人生来都不是完美的，都会有不足之处，同时，每个人又都是一座宝藏，所不同的是，有些人在年轻力壮时就开始挖掘自己，以至于让自己快速地蜕变，显现出耀眼的光芒。而有些人从一开始就浑浑噩噩地过日子，他们虽然也有着自己的梦想，但他们的脚步从来都没有离开过温暖的床榻。待到年老时，看到那些出外闯荡的人都衣锦还乡，再想挖掘自己、闯荡世界，已经有心而无力。

发现自己，从自身的某一点进行突破，命运的闸门才会最终被你捅开，生命之水才能在梦想的河渠里尽情流淌。回顾历史，那些发现自己、拓展自己的伟人的生平就是一部奋斗史。读达尔文、济慈、康德、拜伦、培根、亚里士多德的传记，就不会不明白，他们的品行和一生，都是因为弥补个人缺陷造就的：像亚历山大、拿破仑、纳尔逊，是因为生来身材矮小，所以立志要在军事上获得辉煌成就；像苏格拉底、伏尔泰，虽然自惭奇丑，但在思想上痛下功夫却大放光芒的。他们早早地意识到自己的不足，更早早地开始发展自身的优势，从而快人一步，成就了自己卓越的人生。

启示

其实，每个人身上都存在未被开发的领域，若你消极地认为自己“天生就是如此”，那说明你对自己缺乏正确的认识，就像小河觉得自己只是流动的液体，却没发现自己也可以是飘浮在空中的水汽。挖掘自己的潜力，你就能够有所突破，而这种改变的勇气，也是成功者必须具备的特质之一。

人生就是一场自我修行

一个人如果想取得一番成就，实现心中的梦想，就必须下决心克服自己身上的那些弱点和缺点，尽可能弥补缺陷，修炼自己的心灵、完善自己的人格，才能成就人生的理想和事业。每个人都有另外一个“我”，深深地藏在心中，不为人知，这就是真实的自己。如果人们想找回真正的自己，需要不断完善自己，克服弱点。

对于我们而言，结交什么样的朋友，对我们的一生是十分重要的。中国有句古话：“近朱者赤，近墨者黑。”这句话说明了朋友对一个人的影响，假如我们想了解自己的朋友，可以通过与他交往的人去了解他。例如，一个饮食有控制的人不会和一个酒鬼混在一起；一个举止优雅的人不会和一个行为粗鲁的人交往；一个洁身自好的人不会跟一个自甘堕落的人交朋友。好的朋友就好比一个良好的环境，可以让我们自己也变得好起来。

想征服世界，就需要不断地进行自我完善。人生就是一个不断完善和超越自我的过程，即便我们不可能凡事做到尽善尽美，我们也应该努力让自己更好一点，努力去追求完美。只有向前努力了，生活才会给予你相同的回报。俗话说：“尺有所短，寸有所长。”我们只有真正了解自己的长处与短处，才能避己所短、扬己所长，才能给自己的人生进行准确定位。因为，当我们认识到自己的不足之处且不断完善自己时，也就是进步的开始。

在美国第一任总统华盛顿的纪念碑旁竖着一块石碑，上面这样写着：“美国不建立贵族和皇室封号，也不要世袭制度，国家事务概由人民投票公决。”这几句话表达了美国人民追求民主、自由、幸福的强烈内心愿望，即使美国已经完全独立，但它依然需要人民的支持与监督。在生活中，我们每个人都有自己的不足之处，只有不断地学习别人的长处，弥补自己的不足之处，我们才能完善自己的缺陷，努力让自己更好一点。当然，如果你总是感觉完善自己、向他人学习是一件丢脸的事情，那么，更丢脸的是自己不明白却装作很懂的样子。

在这里，并不是说那些比我们看起来稍逊一筹的人就很差，其实，每个人身上都有值得我们学习的地方。只不过，那些优秀的人更值得我们去学习，他们之所以优秀，是因为他们身上有一些常人没有的闪光点，那才是我们学习的关键之处。

俗话说："三人行，必有我师焉。"优秀的朋友可以帮助我们进步，他们的智慧、知识、能力等方面的长处可以成为促使我们前进的能量和源泉，从而让我们获得一些终身受益的知识。

假如我们受到良好的影响和明智的指导，谨慎地运用自己的自由意志，那我们就在身边寻找比自己优秀的人作为自己的榜样，努力去模仿他们。与比自己优秀的人交朋友，就会从中吸取营养，使自己得到长足的发展。

如果一个人只看到别人的缺点，却看不到别人的长处，对于这样的人，乞丐也不会尊重他。哪怕是一个乞丐，在他身上也同样有值得我们学习的地方。自我完善就是一个不断学习的过程，只要我们善于学习，就能看到别人的长处，懂得取他人所长补己之短，努力使自己更好一点，那么，总有一天我们会成为一个成功者。

在生活中，无论遇到什么样的人，也不管是比我们更优秀的人还是比我们稍逊的人，我们都应该主动去倾听对方的想法和建议。在这一过程中，你会发现自己总是能够从别人的意见中受到启发，能够学到一些利于自己成长的经验。我们永远要记住“山外有山，天外有天”，对方身上可能有着自己没有的优点，虚心地学习对方的长处，能够弥补自己的不足，从而完善自己。

没有人在生活达到某一点时就表示自己已经满足了，只有时常超越自己，才能赢得最后的成功。如果我们总是自满自足、不思进取，那么无论是生活还是人生就将从此开始衰落。

启示

每天早上起床时，我们要下决心力求在每一件事上比昨天有所进步。就这样，每天向前走几步，一段时间过去之后，你就会发现，自己取得了惊人的进步。

你越自控就越自由

生活中，有多少人能够很好地控制自己呢？想必很多人都无法肯定地回答：“我自控力很好。”什么是自控能力？就是一个人控制自己思想感情和举止行为的能力。人之所以区别于动物的根本特点之一，在于人是有思想的，所以能够按照一定的目的、理智地控制自己的感情和行动。

自控是一种力量，自控让一个人头脑冷静、判断准确。当然，自控的人充满自信，同时也更容易赢得别人的信任。只要一个人可以下定决心，决心就会为其自制行为提供力量与后援，可以支配自我。能够控制情感、欲望和恐惧心理的人，他们往往更容易获得成功，取得更有价值的进步。

一个人应该控制自己的情绪，尤其是当生气的因子在大脑里奔涌时，这时控制自己的思想和言语就会非常困难。自控力稍差的人就会沦为情绪的奴隶，负面情绪席卷而来，不仅让自己烦躁，也会给身边人带来不好的影响。无法完全控制和主宰自己的人，命运就不会掌握在他自己的手里。

当然，一个人可以自我控制的秘密源于其思想，因为常常在大脑里思考的东西会慢慢地渗透到生活的角落里去。假如我们成为自己思想的主人，就能够控制自己的思维、情绪和心态，那么，也就能够控制生活中可能会出现的各种情况。

生活中，许多人总是想得太多，做得太少。为了既定目标，我们需要在一个时间段内把最大的精力投入合适的地方去，而这个过程要求我们保持高度自律，同时对其他的选择说“不”。大部分人提到自律，总是带有一种厌恶，觉得这意味着没有自由。其实，自律是自由的。

人的自制力在一定程度上取决于他们的思想素质。一般来说，具有崇高理想抱负的人决不会为区区小事而感情冲动从而产生不良行为。因此，要提高自制力最根本的方法是树立正确的人生观、世界观，保持乐观向上的健康情绪。通常情况下，一个人的文化素养同其承受能力和自控能力成正比。文化素质比较高的人往往能够比较全面正确地认识事物，认识自我和他人的关系，自觉地进行自我控制、自我完善。

用合理发泄、注意力转移、迁移环境等方法，把将要引发冲动的情绪宣泄和释放出来，保持情绪稳定，避免冲动。遇事要沉着冷静，开动脑筋，排除外界干扰或暗示，学会自主决断。要彻底摆脱那种依赖别人的心理，克服自卑，培养自信心和独立性。

要培养自己性格中意志独立性的良好品质，对自己奋斗的目标要有高度的自觉。只要你经过自己的实践认准的事，就应义无反顾地做下去，想方设法达到预期目的。不必追求任何事情都做得十全十美，不必苛求自己没有一点失败，不必过多地注意别人怎样议论你。当几种需要不能同时兼顾时，抑制一些不可能实现的需要。如古人所云："鱼我所欲也，熊掌亦我所欲也，两者不可兼得，舍鱼而取熊掌者也。"俗话说："凡事预则立，不预则废。"平时注意经常思考问题，增强预见性，关键时刻才能及时、果断、准确地做出选择。

有自律精神的人，更容易走向成功。生活中，那些不自律的人就是情绪、欲望和感情的奴隶。自律是一种高贵的品质，意味着为一个伟大的目标努力和付出，意味着为了自己所珍视的东西放弃眼前的一些诱惑。自律，会让你拥有一颗强大而丰富的内心，面对任何事都能够冷静自若地处理。

富兰克林制作了一本小册子，每一页上都写有一种美德的名称，并用红墨水笔画出7个直行，一星期中每一天占一行，每一行上端注明代表星期几的一个字母。再用红线将直行划分成13个横格，每一个横格的左边注明代表每一种美德的第一个字母。每天他都会检查自己在哪一方面有过失，便在那一天该项美德的横格内打上一个小黑点。他决定每星期对某一种美德给予特别密切的注意，预防有关方面的极其微小的过失。这样，“几个循环之后，在13个星期的逐日检查后，我会愉快地看到一本干净的小册子”。

知乎上流传着这样一句话：以大多数人的努力程度，根本轮不到去拼智商。事实上，自律才是成功的敲门砖。所有成功的人都非常聪明吗？当然不是，智商极高和极低的人均是少数，智力中等或接近中等的人，约占全部人口的80%。而成功人士身上有一种共同的优秀品质，即超强的自律能力。

养成自律的习惯，需要正确认识自己，需要确定什么行为可以最好地反映你的目标和价值，这个过程就需要自省和自我分析，做一个准确的自我认识。如果你每天浑浑噩噩，甚至不知道该干什么，又如何养成自律的习惯呢？自律比较花时间，但需要我们意识到自己不自律的行为。当自律遭受挑战的时候，需要给自己一些心理暗示，鼓励自己并让自己放心。提醒自己：自律的代价总是要比后悔的代价低。牢记这句话，每当不自律的时候提醒自己，这会改变你的生活。

启示

自律并不是一种精神上的枷锁和镣铐，而是一种寻求内心平衡的最佳方式。或许你觉得自律的生活非常无趣，其实并非如此，自律的人更容易沉下心来看这个世界，然后进行冷静的思考。他们对世界、生命、自我有更丰富的理解。

无处安放的时间凝聚成你的价值

碎片化时代的来临，导致时间出现碎片化，在繁忙的工作、疲惫的生活之余，有一些没有安排工作、没有被计划、零散的、规律性较差的时间，就是我们所说的碎片化时间。信息时代，注意力也可以成为新一轮经济热点。这源于互联网技术和电子终端的普及，我们每天总是被海量信息包围，应对手机、电脑、平板、无处不在的广告带来的信息冲击，不管是热点新闻、娱乐八卦、学习培训，还是网络社交，都不断地牵扯着我们有限的注意力。

上班、学习、社交、看新闻、刷朋友圈、娱乐休闲，不管是工作还是生活，即便在公交车上也要刷5分钟的朋友圈，好像永远有做不完的事情。虽然每天忙碌不堪，但收获不多、沉淀不够。人们的注意力不断被转移和分配，我们对时间的感知也变了，时间被碎片化了。

激活流失的碎片化时间，零存整取。试着去注意日常生活中的这些小碎片，管理好你的时间。时间碎片不能去创造也无法消除，时间块才是成事根本。不能因为时间碎片的“香”而忘记了解决温饱问题的是时间块，否则就是舍本求末。集中利用好时间块，有意识地去消磨时间碎片，会让你的时间管理锦上添花。

现代社会，已经进入信息碎片化时代，碎片化学习、碎片化阅读、碎片化生活日益成为热门话题。时间的碎片化改变了学习、工作和生活习惯，对时间管理提出了新的挑战。

莉莉总是抱怨自己太忙，加班是常态，晚上回家还要带孩子，完全没有自己可利用的时间；小董工作后打算自学英语，但根本没有大段的时间用于学习，时间总是这里挤一点、那里挤一点，完全没办法静下心来学习；露西对未来感到很迷茫，生活的压力、提升自我的紧迫感、疲惫的身体、碎片化的时间、琐碎的事情，让她时常有一种不知所措的感觉。

碎片化时间有些是长期存在的，例如上下班的通勤时间，这是两个任务之间的缓冲，是客观形成的。还有部分碎片化时间是人为造成的，例如本来应该一小时完成的工作，但一会儿接电话，一会儿回短信，一会儿上厕所，结果一小时被人为地切割成小碎片，这不仅影响工作效率，还会让自己焦躁不安。

当然，对个人而言，碎片化时间的存在是有差异的，有人集中在白天，有人在晚上，有的甚至会出现周期性变化。但是，别小看这些小块时间，它的可塑性是极强的，特别是那些人为制造的碎片化时间，按照某种顺序或规律，完全可以组合成一段可以利用的时间。

尽管时间碎片化让我们变得焦虑不安，但我们还是需要适应并坦然接受。当然，利用碎片化时间的目的是使时间价值最大化，不过价值需求因人而异。有人利用碎片化时间来放松心情、调节状态，有人用来学习知识，有人用来社交。所以，要明白碎片化时间对自己的意义，才有机会对其进行挖掘。

根据自己的实际情况，分析其分布规律，是早上、下午或晚上，或周末节假日。梳理好碎片化时间，安排自己在这些时间里做些什么，尽量避免因其他事情而转移注意力。假如短期的碎片化时间缺乏规律，那就拉长时间具体分析，找到其中的规律。

时间碎片化是一种现象，但并非不可控。很多时候，我们需要关注的是自己，而不是时间，管理好自己的注意力，才能更好地利用碎片化时间，按照个性需要，制定高效碎片化时间利用策略，发挥碎片化时间最大的价值。

启示

我们需要避免人为地制造碎片化时间，以提高工作效率。在自己注意力最集中、效率最高的时间段做最重要的事情。可以在碎片化时间里看新闻、看视频、听音乐、在线听课，这些内容的时间短、灵活性强，分阶段学习对效果不会产生太大的影响。

对自己负责就是对生活负责

找各种借口为自己开脱，只是欲盖弥彰。这样一来，就会给自己的老板留下不能按时完成任务、能力差的印象。长此以往，这种人在公司的地位就会越来越低，其他人也不愿意和这种老是找借口的人合作，因为他们害怕有一天，这种人会将所有的责任都推到他们身上，而将自己撇得一干二净。

也有一些人在遇到问题的时候，不会想着找借口，而是尽快想办法将问题解决。这样的人责任心很强，他们对自己做不到的事也不会找各种各样的借口，他们会真诚地说出自己为什么没能及时将问题解决，并想各种办法在最短的时间内将问题解决。这样的人是不会轻易许诺的，如果真的许下什么诺言，他们一定会想尽各种办法实现诺言。

不找任何借口，它所体现的是一种负责、敬业的工作精神，一种诚实、主动的态度，一种完美、积极的执行力。在很多时候，借口是毫无意义的。“没有任何借口”，让自己养成不畏惧的决心、坚强的毅力，以及完美的执行力。不管自己遭遇什么样的环境，都必须学会对自己的一切行为负责。

在现实生活中，我们经常会听到这样或那样的借口。当人们做不好一件事情，或者完不成一项任务，就会找很多借口，在借口的遮挡下，他们很容易学会抱怨、推诿、迁怒，甚至愤世嫉俗。最终，他们都没发现，借口其实就是一个敷衍别人、原谅自己的“挡箭牌”。寻找借口，无疑是掩盖自己的弱点，推卸自己的责任。

我们应该想尽办法去完成任何一项任务，而不是为没有完成的任务寻找这样或那样的借口，即便是看似很合理的借口，那都是不允许的，我们需要有一种不达目的不罢休的毅力。在生活中，我们要知道，做任何一件事情，只要我们努力去做，就不可能轻易失败，千万不要把借口当作自己的挡箭牌，你不可能一辈子依靠“借口”而活。

启示

即便有什么问题没有解决，也别费尽心思地去找各种借口为自己辩白，而是将所有的情绪都放下，先解决问题，只有解决问题才是最关键的。

每天审视自己，自省地活着

其实，在工作生活中，我们除了应对别人提出的问题之外，还要善于向自己提问。向自己提问，其实是对自己的一个很好的总结。在生活中，我们既不能时刻来反省自己、看清自己，也不能把自己放在局外人的位置来观察自己。因此，在大多数的时候，我们只能借助外界的一些信息来认识自己。但是，我们在认识自己时很容易受到外界信息的暗示，迷失在环境里，并习惯性地把他人的言行作为自己行动的参照。向自己提问，就是进行每日总结，以此来了解自己。

达尔文完成不朽的著作《物种起源》的时候，就已经预料到这个革命性的学说公开发表必然会给整个宗教界乃至学术界带来震撼。于是，他花了15年来寻找自己的不足之处，不断进行自我批判，不断地向自己的理论挑战，批判自己的结论。所以，与其等着别人来批评我们或者批判我们的工作，倒不如自己严格要求自己，做自己最严格的批评者。

在睡觉前我们应该问自己哪几个问题呢？

躺在床上，开始回忆白天的工作，回想自己在工作中收获了什么，做的那个方案，客户的反映如何，以后还有哪些需要改进的地方，等等。将这些工作梳理一遍，加深在大脑中的印象。

有激情地工作，才是有兴趣地工作。当同事都在工作的时候，我是在跟别人聊天，还是在玩游戏？领导开会的时候，我在认真思考吗？还是思想开小差了？假如自己真的在认真工作，那明天就继续保持这种状态；假如自己工作不认真，那就要反省自己，下次争取改掉这个坏习惯。

得与失，就是今日的收获。得，就是从工作中学到了哪些知识，自己在思维上有什么明显的变化，让自己懂得了什么道理；失，就是工作不认真所造成的失误，可以花时间和精力补回来。

临睡前再想想，明天自己还有哪些任务呢？除了按时上班之外，需要写个方案？做个PPT？阅读一篇课外文章？听一小时的英语？

我们要学会享受工作，才能体会到工作的乐趣。今天的工作快乐吗？快乐是因为什么造成的呢？是因为职业的魅力；不快乐是什么造成的？仅仅是因为工作枯燥吗？还是自己某方面的原因？

富兰克林保持着每晚一次的自省习惯。他总结出自己13处致命的错误，如浪费时间、琐事太多、与人争执等。年长睿智的富兰克林很清楚地意识到，假如不改正这些缺点，他就难以成大事。

启示

当我们在施行工作计划的时候，最好是每日自省，入睡前的工作总结，其实也是很有效率的复习手段之一。

抛开过多欲望，收获宁静的内心

每个人都有这样或那样的欲望，有的人喜欢权力，有的人喜欢金钱，有的人喜欢幸福，有的人渴望快乐。在他们的生活中，缺少什么他们就渴望什么，而且这样的欲望是惊人的。因为欲望本身的特点就是难以满足，不断地循环下去，欲望越滚越大，就会扭曲内心，人就会成为欲望的奴隶。欲望无边境，一切适可而止吧。

人生就是一次奇怪的旅程，有的人跌跌撞撞，在人生中迷失了自己的方向；有的人怡然自乐，微笑着面对生活，他把握了人生的幸福。也许，你会感到疑惑，怎么会出现这样迥然不同的局面？因为，在人生的旅途中，除了美丽的风景，还有很多的诱惑，而每个人内心都有一个魔鬼，那就是欲望。

当那些诱惑出现在你面前时，就会激发起你内心的欲望，为了满足内心的欲望，你会奋不顾身、倾尽一生，极力追求。所以，你会在人生的路上跌跌撞撞，找不到失去的自我，痛苦地煎熬着。

有人说，于连身上有着两面性的性格特征。于连最后在狱中也承认自己的身上实际有两个“我”：一个“我”“追逐耀眼的东西”，另一个“我”则表现出“质朴的品质”。在追逐名利的过程中，真实的于连与虚伪的于连互相争斗，当然，他本人内心也是异常痛苦的。最终，因不断地追求名利，让自己心力交瘁。

欲望就像毒品，是会上瘾的，当你满足了一次之后，就会不断地想要更多，那根本就是一个无法填满的无底洞。当然，每个人都有一定的欲望，这是正常的，可以促使我们不断地奋进，也是一种自我肯定。但是，如果你的欲望过于强烈，就不再是对自己的肯定，相反会否定或消极看待自己。到那时候，人被欲望所控制，就成为欲望的奴隶。

谁也不知道欲望是怎么来的，它似乎是人类与生俱来的。即便是一个刚刚诞生的小生命，随着时间的发展，欲望也会在他身上不断地演变和繁殖。有物质上的衣食住行，有精神上的尊重、认可、快乐、自信、幸福、自由，这些不同的欲望在不同的时间不同的地点不同的人身上尽情演绎着，构成了多彩纷呈的世界，点缀了千姿百态的人生。

人类是欲望的产物，而生命则是欲望的延续，人不可能没有欲望，欲望也不会停止，它会伴随着人的一生。欲望的存在是无可厚非的，但是，人类是高级动物，可以控制自己的欲望，甚至放下自己的欲望。人生就像是一条溪流，只是它流淌的不是溪水，而是人的各种欲望。

人生本来就是一个体验的过程，得与失，不过是处在永恒的变化中。昨天得不到，并不意味着今天不会拥有；即便是今天拥有了，也不意味着明天不会失去。如果是永恒，也只是在拥有的那一刹那。珍惜现在所拥有的一切，这才是我们应该有的态度。

有人说“得不到”的和“已失去”的才是最好的，可能我们在不同的时间也会发出这样的感慨。那些没有实现的愿望，它们具有强大的力量，这样的力量就好像魔咒一般，笼罩在我们的头上，令我们迷恋水中花、镜中月，让我们对身边唾手可得的幸福和快乐视而不见。

欲望如水，能载舟，也能覆舟，就看你如何去对待。很多时候，我们抱怨生活太痛苦，其实这就是内心的欲望无形之中为自己戴上了枷锁，禁锢了自己的自由与生命。那么，当你感到沉重的时候，不妨放下内心的欲望，跨越生命，赢得自己的人生。

启示

学会放下欲望的人是自由的，因为没有了禁锢，他便没有了烦恼，所以是自由的。也许，在你的心中也会有种种的欲望，或金钱，或权力，但是，如果你要想赢得自己的人生，赢得幸福，那就要放下欲望，适可而止。

第6章 其实，有些坚持一文不值

人生的路途需要坚持，也需要懂得变通的智慧，当坚持有用的时候，我们不妨再坚持一下。但是，当已经撞到南墙就该回头了，因为有些坚持其实一文不值。不该坚持的时候，不妨学会转身吧。

有些坚持的东西并不适合你

有人说："追求幸福的人分两种：一种是追求属于自己的幸福，一种是追求属于别人的幸福。"前者懂得定义属于自己的幸福，而后者只是追逐他人定义的幸福。在生活中，我们何尝不是这样呢?

有时候，我们生活得并不如意，若是问为什么，我们的回答是："我没有达到某种生活的标准。"我们总是听别人说，有了房子才有安全感，于是就为了别人所定义的"安全感"背上了10年、20年的债务，节衣缩食，心不甘、情不愿地当起了房奴；我们总是听别人说，在高级餐厅里约会才是最浪漫的，于是我们就将这当成一种美好生活的向往，宁愿吃方便面也要勒紧裤带去潇洒一次；我们总是听别人说，没去过健身房就不够时尚前卫，于是我们就赶紧去健身房报名，学那些自己并不感兴趣的课程，只是为了享受别人所定义的"幸福生活"。

但那些生活真的属于自己吗？为什么即便我们达到了这样的生活标准还是不快乐呢？究其原因，在于我们与自己对峙，总是一味地追求那些不属于自己的生活，就好像我们穿着不合尺寸的衣服，不是太大，就是太难看。

我们的生活要自己过，而不是给人看，别人生活的标准并不一定就真的适合自己。因为生活的幸福和快乐是属于自己内心的一种感觉，如果只是迎合别人的取向，这样难免会苦了自己。

那些苦苦追求不属于自己生活的人，他们与自己的心灵对峙着，换而言之，他们总是与自己僵持，越是不属于自己的，越是想要去尝试。在羡慕嫉妒的过程中，他们浑然忘记了自己原本美好的生活，而是将别人的生活当成自己生活的标准。

卞之琳说："你在桥上看风景，看风景的人在楼上看你。"其深层含义在于，虽然我们每个人都把别人当作风景，其实，在别人眼中，自己何尝不是一道美丽的风景呢？所以，不要跟自己较劲，而是学会对自己的生活释怀，因为属于自己的生活才是幸福快乐的生活。

我们总是向往这样的生活：条件优秀的老公、可爱的孩子、宽大的房子、豪华的轿车、稳定的工作。在我们看来，似乎这样的生活才是最幸福快乐的，但这样的生活适合自己吗？坚持，有时候就是自己的外在与内心互相对峙，明明这是心里不喜欢的，但却为了迎合别人的眼光，而刻意将自己的生活弄得乱七八糟。所以，放下对别人生活羡慕嫉妒的眼光，放下内心的固执与坚持，学会享受自己的生活所带来的快乐与宁静。

稚拙的文字仔细品味却是大道理，生活也是因人而异的，我的生活在你眼里并不一定是好的，你的生活我也不一定认同。很多时候我们并不快乐，那是因为我们总是与自己僵持，没有按照自己喜欢的方式去生活，而是在不经意间迎合别人的要求，刻意改变，违背内心真实的想法，所以我们才会变得不快乐。所以，放下那些所谓的“标准意义的生活”，按照自己真实的想法去追求生活。我们应该记住，真正让自己快乐的是自己的内心而非别人的眼光。

启示

适合自己的生活方式并不一定适合别人，同样，适合别人的生活方式也不一定适合自己。因此，如果自己当下生活得还不错，那就过好属于自己的生活，而没有必要去追求别人定义的生活，我们应该明白，别人的快乐和幸福并不一定适用于自己。

没有方向的坚持是白费力气

人的一生会发生很多意外，你无法控制它们，就像你不能掌控自己的生老病死一样。于是有人说活着就要及时享乐，就要对得起自己；而有些人认为活着就要不断追求，不断收获，不断给自己树立目标，在每一次实现目标时，尽情享受其中的快乐。

通常我们把前者的态度说成消极，把后者赞为积极面对生活的人。拥有目标，从而奋力拼搏，这是成功最简单的模式之一。但你是否明白，在你的生命中，在你前行的路上，不是每一条河都能顺利渡过，遇到过不了的河掉头而回，也是一种智慧。但很多人在这种情况下，只盯着眼前奔腾的河水发愁，却看不到河边的苹果树。真正的智者会放飞思想的风筝，摘下河边的“苹果”。

有人说，成功是1%的灵感加上99%的汗水。这句话恰恰反映出这1%的灵感是最重要的，大部分人将成功的希望寄托于自己的努力和勤奋，而忽略了努力的方向，终其一生也是劳无所获。时间就这样匆匆逝去，生命也这样庸庸碌碌地消逝，留下来的只是遗憾。事实上，朝着错误的方向前行，比原地踏步更可怕，因为你距离终点将会越来越远。

确实，有时愿望很重要，勇气很重要，毅力很重要，但方向更重要。在现实生活中，没有方向或走错方向的人很多，他们坚信“天道酬勤”，殊不知，这些成功之道必定是建立在一个基本前提之上，那就是正确的方向。事实上，确定方向比努力本身更重要，如果方向错误，那么越努力反而离成功越来越远。

清华大学校长曾送给毕业生一段话：“在未来的世界里，方向比努力重要，努力比知识重要，健康比成绩重要，生活比文凭重要，情商比智商重要。”有的人起点并不高，但因为他们选择了正确的职业发展方向，所以在短短几年之后他们的价值超过了很多当初起点比他们高的人。

人必须科学审视自身所处的环境，客观地评价自己的能力素质，正确地选择努力的方向，否则付出再多的努力也是白费。许多人从事自己并不喜欢的职业，总是发出“我也很努力，不过就是做不到最好”的感慨。其缘由是这些人并非不喜欢这份工作，而是这份工作并非是他们最适合的。如果人们希望把一项工作做得得心应手，就需要选择正确的人生目标。如果走错了方向，那么果断放弃，再去寻找自己正确的人生方向。

在这个世界上，条条大路通罗马，通往成功的道路何止千万条。不过需要记住：几乎所有的道路，都不是别人给的，而是你自己选择的结果。你选择什么样的道路，也就会拥有什么样的人生。从容思考，从速实行，方向永远比努力更重要。

启示

对成功而言，努力很重要，方向更重要。方向走对了，哪怕走得慢，却能一步一步靠近成功；倘若走错了方向，不仅白忙一场，而且可能离成功越来越远。

坚持单身并没有什么错

在我们父母那一代，二十岁左右就结婚生子了，现在的人30岁都还不着急，这两代人之间的鸿沟是越来越大。随着年龄的增长，父母催促剩女早点结婚，即便是在平日生活中也经常有意无意地提起婚姻的话题，这给单身的人带来了极大的家庭压力。

耳边经常听到的就是父母关于婚姻的话题："你年纪也大了，应该考虑婚姻问题了。"这样的话不是偶尔听到，而是经常听、天天听，时间长了，一旦听到这样的字眼，就触动了剩女们的敏感神经。

在家庭压力的重压下，她们长时间地承受着社会和内心的压力，容易造成一定的心理问题。她们害怕谈论恋爱和婚姻问题，不喜欢别人的指指点点、冷言冷语，多次相亲未果、恋爱不成，她们就开始怀疑自己，认为自己找不到好男人，但又不甘心将就条件一般的男人，心里就一直这样矛盾着。这时候，如果家里再上演"逼婚"这样的剧目，那她就有可能因压力而做出仓促的决定。

多少大龄剩女正被父母念叨着，她们那根敏感的神经经常被触动，很快就会爆发出来。每每到了回家的日子，剩女们总是心惊胆战的，既想回家，又怕回家，怕回家就被父母念叨结婚的事情。

父母特别着急，他们将自己内心的焦虑转化成对女儿的念叨和逼婚，有的父母甚至骗女儿回家相亲，这样的情节几乎在每个家庭里上演着。

生活中，一些剩女会经历这样的过程：先是反感父母的催婚，后来在家庭的不堪压力之下，她们妥协了，凡事都听父母的，让父母一手去安排，父母觉得合适的，她也不说话了。最后，按照父母的眼光，找了一个各方面都"合适"的男人，把自己嫁了，结婚之后才发现自己的幸福已经被毁了，但为时已晚。

在父母的压力下，剩女也要积极参加社交活动，创造与异性沟通的机会。剩女可以利用自己的业余时间学习烹饪、化妆技巧，去美容店改善身体，练习瑜伽和交际舞，参加单身派对等活动，这样不仅丰富了自己的业余生活，也增加了认识和了解异性朋友的机会，这相对父母安排的相亲、亲朋好友的介绍而言更合适，从中去选择自己的另一半，建立在这种深入了解基础上的婚姻会更稳固。

父母与女儿在婚姻大事上通常不能达成统一的意见，父母看重男人的工作是否稳定、工资是否高、家境是否好，而女儿则看重男人的品行、性格、为人处世等方面。对于这样的分歧，女儿需要与父母好好沟通，尽量达成统一意见，女儿需要让父母明白：“婚姻是两个人过日子，它所需要的是内在条件，而不是外在硬件。”

启示

当遇到与父母不同意见的时候，一方面可以说服父母，另一方面也可以适当听从父母的，毕竟父母也是为了女儿的幸福着想。其实，越是剩女，越需要扛住家里的压力，毕竟，结婚是人生大事，不能仓促进行，而是需要选择一个合适的男人。

有些坚持是钻死胡同

很多时候，过分执着并不是一个好品质。它就像是一个魔咒，一点点地禁锢着我们的身心，似乎我们不朝着之前的方向继续下去就对不起良心。执着本身是一种可贵的品质，但凡事都有一定的限度，“执着”也是一样，适当的执着会体现出我们个人的魅力，同时也可以让问题变得更简单一点。但若是不顾一切的执着、太过分的执着则会不自觉地将自己的身心束缚。我们总是放不下，总是不愿意放弃，只是固执地朝着一个方向前进，不管前面是康庄大道，还是死胡同，甚至，这样的坚持是无谓的，如果我们最终闯入的不过是死胡同，这样执着的后果也是可悲的。

虽然，对生活执着，是一种坚定的信念；对工作执着，是一种精神寄托；对爱情执着，是一种人生的美丽。但若是应该放弃时不放手，就会使自己不堪负重而活得很累，甚至有可能走向另外一种悲惨的结局，同时也让自己身心疲惫。

生活中，有的人活得像小河里的溪水，虽然平静无波，却有顽强的生命力和战斗力，它能够经受暴风骤雨的侵害，也可以坦然面对夏日骄阳的炙烤，它从来不在乎世界会有那么多的变化。一个人活着也是一样，人要有信念，但不能过分执着，不能与生命坚持，不妨学会顺其自然，对生命中的意外和阻挠不必过于强求，也许，这样方能阻止自己生命的脚步过快地到达终点。

人的一生就好像花开花落，周而复始，没有什么花是永远不凋谢的，对于上天的安排，我们应该顺其自然，千万不能太过于执着，太执着是一种疼痛、一种心魔，它不断侵蚀我们内心简单的快乐，最后，我们只能满身疲惫地倒下。

有些事情既然已经发生了，毫无回旋的余地，那我们就要学会接受，而不是太过于执着，过分执着只会让自己更加疲惫，不如放松身心，给自己一个舒适的心灵环境。

人生需要有信念，这样我们的生命才有前进的方向。但是，信念只有与自己合拍的时候，才能更好地发挥出引航员的作用。

如果我们希望与别人合作，已经明确地向对方表达清楚自己的意图，但对方却毫无回应，在这样的情况下，与其继续留下来攻坚，把时间花在啃掉这块硬骨头上，不如转身离去，把精力花在寻找新的目标上。每个人做事都有自己的理由，放弃攻坚是对别人的尊重，这是一种明智的选择。大量事实表明，第一次不能成功的事情，以后成功的概率也是很小的，纠缠下去只会惹人厌烦，这样并没有太大的意义，与其把80%的精力耗在20%的希望上，不如以20%的精力去寻找新的目标，说不定还有80%的希望。

柏拉图曾说：“有些人的遗憾莫过于坚持了不该坚持的，而放弃了自己不该放弃的。”坚持，是一个鼓动人心的词，每每在我们不能继续的时候，头脑中就会冒出“坚持”这个字眼。但是，我们何曾想过，所有的坚持都有用吗？实际上，我们并不明白，有些坚持是无谓的，甚至，理智的放弃比无谓的坚持更明智。

生活中，有的人在坚持着，一直在坚持着，但他能坚持到什么时候，坚持为了什么，却不得而知。当我们的坚持已经达到一定限度的时候，事情的结果却不遂人愿，这时候我们就应该反思了：这样的坚持有用吗？是不是无谓的？如果坚持下去没有结果，那不妨选择放弃，另寻捷径，这样还有可能达到目的地。

凡事都坚持的人其实是钻牛角尖的人，他们对生活太过于坚持，太固执，总是一条路走到黑，结果却是毫无所获。对此，在生活中，我们要明白，有些坚持是无谓的，这样的坚持可以适可而止，不需要太过执着。

虽然在万众瞩目的情况下宣布退赛，难免会让人扫兴，甚至有的人还会发出唏嘘之声。但是，如果当时刘翔选择了继续坚持，只会给自己的身体造成更大的伤害，或许我们就再也见不到“飞人”的光彩了。

可见，他及时地做出退赛的决定是为了积蓄力量、休养身体，为下一次的比赛做好准备，这样一来，我们就很理解他当时的举动了。正如刘翔所说，“人生总有起伏，不可能一帆风顺”，正是这个坚强的小伙子，懂得不做无谓的坚持，才有可能在未来继续展现他的人生价值。

我们说有些坚持是无谓的，那是因为继续坚持下去也不会有任何希望，只是浪费我们更多的时间和精力而已。对于这样的坚持，我们就可以说是无谓的，面对这样的情况，当然理智的放弃才是最明智的选择。

不知道你有没有注意过我们脚下的马路，你是否观察到没有一条路的方向是既定不变的，在遇到高耸的山脉的时候，它也总是绕道而行，这样既节省了人力，又方便了人们。在不同的马路之间，总会有交叉的时候，那就意味着你可以换一个方向。其实，这跟生活一样，也需要我们适时改变方向，这样我们才能找到生命中最灿烂的美丽，才能展现出自我的价值。

启示

在人生的路途中，我们要适时修葺自己的信念，让它与自己合拍，对于某些不切实际的想法，我们不应太坚持、太执着，而是学会放弃，重新找到自己合适的人生信念，这样我们的生命才会更加绚丽灿烂。

别等撞了南墙才回头

从小，我们就知道这样一个道理：只有不断地前进才能获得成功。其实，生活本来就是起伏不定的，如果你一直向前走，不愿意给自己留一点回旋的空间，那很有可能会钻进一条死胡同，前方已经没有路，遇到这样的情况自然是难以成功的。

不过，大多数人并不懂得这个道理，他们只会一个劲儿地向前冲，有一股撞南墙也不回头的势头。虽然，我们欣赏这样的决心，但并不赞赏这样的行为，如果在前进的路途中，我们没能给自己留下一点回旋的空间，这就是犯了孤注一掷的错误，结局往往是很悲惨的。

人们总是觉得在前进时若是选择退却，那就意味着放弃、意味着软弱、意味着失败，实际上这样的理解是错误的，那些懂得适时回旋的人才能铸就人生的波澜起伏，才能绽放人生本来无尽的绚丽多彩。坚持是我们所需要的力量，但适时退却，为自己寻找一点回旋的空间也是人生中不可或缺的大智慧。

赖斯并没有追随儿时的梦想成为一名钢琴家，而是在大家都看好的情况下选择了“退却”，并开始了崭新梦想的破冰之旅。她发现自己如果再坚持下去，难以取得超越别人的成就，所以，她果断地选择了放弃，不再固执。在一阵休憩之后，她重新设计了自己的未来，果然，她似乎更适合混迹于政坛。如果不是当初她决然地舍弃，那么就不会成为现在这样出色的政治家了。

如果克里斯朵夫·李维以“让我早日解脱”的信念生活，估计他的余生会在抑郁中了结，遗憾的是，这个世界上又缺少了一个好演员。当然，这只是如果，就好像克里斯朵夫·李维自己所说：“原来，当不幸降临时，并不是路已到尽头，而是在提醒你该转弯了。”当前面已经是死胡同，为什么不选择退一步，给自己找一个休整的地方呢？当自己重新燃起信念之火，那我们又可以开辟一条新的道路出来。

当发现前方已经是一条死胡同，我们就要学会转弯。转弯并不是逃避，当你在这件事情上失败了，那可以改做别的，这并不是说你这个人没有毅力。正所谓“天生我材必有用”，东方不亮西方亮。闯入死胡同并不可怕，可怕的是你一直跟自己坚持，这样就会因循守旧地继续失败。转弯是为了寻找更好的道路以便前行，而并不是逃避。

有的人太固执、太坚持，他们是不见棺材不掉泪，不撞南墙不回头。在人生旅途中，这样的人总会多走一些弯路，最后也难以获得成功。为什么一定要看到悲惨的结局才放弃呢？在生活中，不要太坚持，理智地放弃才是最聪明的做法，当我们发现前方已经无路可走，就要学会退却，选择另外一条路，不要等自己撞得头破血流才放弃，这是相当愚蠢的。

懂得适时改变，这是智者的选择。莎士比亚曾说：“别让你的思想变成你的囚徒。”当一个人的思想已经被禁锢的时候，他已经无法为自己寻找一条生路。要想获得成功，我们就必须懂得适时改变，故步自封或一成不变只会将我们推进无法回头的境地。好像一艘在大海里航行的船只，如果它想要行驶到自己的目的地，那么就应该懂得见风使舵。纵观世界万物，它们因为变通而赖以生存：为了适应大漠的风沙，仙人掌将叶子退化为刺；为了适应西北的狂风，胡杨扎根百米宽；为了适应海水的动荡，海带褪去了根须。

萧伯纳说：“明智的人使自己适应世界，而不明智的人只会坚持要世界适应自己。”懂得适时改变，实际上就是以改变自己为途径，我们改变不了环境，但我们却可以改变自己；即使改变不了过去，但我们却可以改变现在。在通往成功的路上，我们没有必要那么坚持，既然前面的路行不通，那就走路边的小径吧。适时改变并不是背叛“执着”，而是审时度势之后做出的正确选择。在前途茫然的时候，适时改变是一种理智；在误入歧途时，适时改变是一种智慧；在逆境中懂得适时改变，是一种远离苦难的策略。

执着与适时改变是两种人生态度，我们不能简单地说谁比谁更适合自己，但是，单纯的执着与改变都是不完美的，只有将两者结合起来才能获得成功。

执着的精神令人敬佩，它可以使我们永远地坚持下去，如果这条路是正确的，那自然是最完美的结局；但是，如果这条路根本就是一条死路，无谓的坚持只会断送自己的美好前程，不妨适时变通，丢掉不切实际的坚持，变通将使我们受益匪浅。

Levi's品牌的创立，就来源于适时改变的智慧。威廉、约克和李维相约去美国淘金，当他们达到目的地以后，却发现比金子更多的是淘金者。面对这样的情况，威廉决定还是去淘金，过着劳苦而贫困的生活；约克发现了废弃在沙土中的银，开始了自己冶银的事业，很快就成为当地的富翁；李维决定卖耐磨的帆布裤，加以改造创造了牛仔裤，最终发展为世界名牌Levie's。灵活的变通，让约克和李维都获得了成功，只有威廉坚持不切实际的想法，最后只能成为一事无成的人。

启示

懂得适时改变，既要坚持，也需要适时放弃，因为做事灵活、懂得变通的人，总是能够赢得最后的成功。在逆境中，不切实际的坚持是愚蠢的，这样只会使自己在逆境中僵持得更久。所以，面对逆境，我们要懂得适时地改变，丢掉不切实际的坚持。

放下就真的放下了

曾经有位哲人说："当我们需要前行的时候，需要放下重负，让自己的心变得轻盈，这样才能更好地前行。"重负，有可能是我们心灵上的包袱，也有可能是我们肩膀上的负重，但不论是哪里存在的负担，都将阻碍我们继续前行，甚至会让我们的身心疲惫不堪。

在人生的道路上，有的人因为负荷太重而步履维艰，有的人因为欲壑难填而疲于奔命，有的人因为深陷其中而难以自拔。如果你想要所走的每一步都充实而轻盈，那么，适时放下一些重负，让自己变得轻盈，也是一个可行的办法。生命如舟，载不动太多的物欲和虚荣，假如你不想让这生命之舟搁浅或者沉没，那就应该放下重负，让自己轻松前行。

因此，对于绝大多数人而言，面对沉重的负荷，以及自己梦想得到的东西，他们无法放手，他们会本能地抓住那些东西，唯恐失去。在难以割舍之下，如果真的失去了，他们就会为得不到而烦恼，郁郁寡欢。

俗话说："远路无轻物。"在人生的道路上，如果我们需要负重前行，越行越远的时候，我们会感到举步维艰，虽然会抱怨自己怎么选择了这么多东西，但还是不舍得放手。直至终点，打开担子，我们才发现：那些我们以为得不到的东西，现在对我们而言却是无用的东西。

有时候，心灵的重负才是真正阻碍我们前行的绊脚石，如果我们总是坚持内心，无法放下某些欲望，那我们就难以保持轻松的姿态继续前行。因此，不要坚持自己的内心，让不堪重负的心灵变得轻盈起来。

爱迪生说："没有放弃就没有选择，没有选择就没有发展。"生命并不是只有一处灿烂辉煌，学会包容过去，融通未来，创造人生新的春天，人生将更加明媚和迷人。对于人生中的种种，既然拿得起，就应该懂得放下；对于自己的过去，大可不必耿耿于怀，是好是坏都已经成为过去，且把它看作一张白纸，放下了，心中就没有埋怨与不满，生活的一切都会顺利平稳。

假如我们认为人来到这个世界是应该有所作为的，那就更需要重视自己的存在。因为人的生命都是伟大的、富有创造力的，只是我们经常会忽略这一点，在生活中，从来不缺乏体验与成长的机会，即使身处绝境，不也正是开辟新天地的大好时机吗？当我们不堪负重前行的时候，就应该学会放下，而不固执地坚持，只有这样，我们才有力气继续前行。

有人说："人生最大的幸福就是拿得起、放得下。"一个人在处世中，拿得起是一种勇气，放得下是一种度量。对于人生道路上的鲜花、掌声，有智慧的人大都等闲视之，屡经风雨的人更有自知之明；对于坎坷与泥泞，能以平常心对待，就十分不容易。

在人生的旅途中，若是遇到大的挫折与灾难，可以不为之所动，可以坦然承受，这就是一种度量。禅宗以大度能容天下之事为乐事，便是一种很高的境界。对于生活中的种种，既来之，则安之，便是一种超脱，不过，这种超脱又需要经过多年的磨炼。拿得起，实在可贵；放得下，方是人生处世之真谛。

启示

当我们无法得到的时候，放下也是一种智慧。生活中需要我们坚持的东西太多，以至于我们承受不了现实给我们的压力，那么不妨学会放下一些东西，这是一种生存的智慧。因为只有放下了某些东西，你才会重新得到一些东西。

有些东西失去了，有些东西又拥有了

生活中，我们不要再为自己曾经失去的而坚持，学会放手，说不定你能获得整个世界。既然我们降生在这个世界，又何必计较命运的不公、生活的失落呢？为什么要因为秋天的零落而怨恨四季的美丽呢？君不见大地雪封冻结的冬天，那大树上微落着青色的绿芽吗？有时候，生活就像是一杯蔚蓝色的酒，酒杯里盛满的就是人生的酸甜苦辣，我们不应该沉醉在自己的世界里，而要努力将自己的人生变得洒脱而充实。

现实生活中，我们需要正确看待得与失，我们应该相信，现在我们所拥有的，不管是顺境还是逆境，都是对我们最好的安排。只有这样想，我们才能在顺境中感恩，在逆境中依旧心存快乐。对于那些失去的东西，不要再郁郁寡欢，人生总会失去什么，也会得到什么，得与失是一种规律，别再纠结失去的，别坚持，放手吧，这样我们就可以获得整个世界。

人们总是习惯于得到而害怕失去，虽然有得必有失的道理是人人皆知的，但人们还是为失去而可惜可叹，每当自己失去了某些东西，总要难受一阵子，甚至是痛苦。月亮也会有圆缺，但依然皎洁；人生即使有缺憾，但依然很美丽。曾国藩说："道微俗薄，举世方尚中庸之说。闻激烈之行，则訾其过中，或以罔济尼之，其果不济，则大快奸者之口。夫忠臣孝子，岂必一一求有济哉？势穷计迫，义无反顾，效死而已矣！其济，天也；不济，于吾心无憾焉耳。"

人们若是把成功与失败都归结于天命，当然免不了唯心，但对于自己所失去的，总以平常心对待，这就是一种坦荡的心态。

很多时候，只要自己努力过，得到与失去都不那么重要，也没有什么怨恨。

如果我们能静下心来思考，那些得不到、已失去的东西其实只是源于对没有实现的愿望的渴望。即便我们放弃现在所拥有的一些东西，不顾后果地想尽办法得到那些当初未能得到的东西，把那些失去的东西找了回来，谁又能保证且诚实地说这些东西就是我们真正所需要的呢？

为人处世，尤其是这样，假如太计较失去的，自己也就没办法认真地做以后的事情。那些患得患失的人总是将与得失放在首位，人活一世，即便得到的东西再多，死的时候也带不进坟墓，这又何必呢？如果失去了，那就学会放手，不要坚持，不要纠结，这样我们才能收获轻松的心情。

塞翁失马，焉知非福。有时候，你以为你失去了，实际上你却得到了最好的东西，人生就是这样，当你为失去而处处坚持的时候，你所失去的不仅仅是一份美好的心情，还有可能影响整个事态的发展。相反，如果对于所失去的，你能完全地放下，那么你将获得一份轻松无比的心情。

我们总是生活在得与失之间，当一个人处心积虑地得到什么的时候，同时也无可奈何地失去了什么。因为鱼和熊掌是不可兼得的，我们所需要的就是这种“得之不喜，失之不忧”的情怀，如果我们能明白生命的可贵，那就会明白人生最美的是奋斗的过程，为失去而坚持，只不过是自寻烦恼。

泰戈尔曾说：“曾错过太阳，但我不哭泣，因为那样我将错过星星和月亮。失去了太阳，可以欣赏满天的繁星；失去了绿色，得到了丰硕的金秋；失去了青春岁月，我们走进了成熟的人生。”失去的不能再得到，过去的不能再回来，不如趁机会抓住眼前的一切，珍惜现在所拥有的，说不定我们能收获整个世界。

得不到的让人渴望，已经失去的让人惋惜，这些我们都很在乎。不过，如果我们仔细回想，就会发现，我们不停地眺望远方根本不属于自己的一切，反而模糊了离我们最近的幸福。有人说，人生要活得有分寸，是你的终究是你的，不是你的抢过来也会离开你，何必让自己这样狼狈呢？失去东西，那是因为我们没有好好地珍惜，与其为失去的东西而后悔，还不如好好珍惜眼前的一切，这才是生活的真谛。

得不到的东西，那表示这根本不属于自己，又何必强求呢？即便你强求来了，也会发现并不是想象中的幸福；已经失去的东西，已经过去了，即便你后悔再多，也挽回不了。与其为得不到和已失去而坚持，不如好好珍惜当下所拥有的，这才是人生一大幸福。

花草的种子失去了在泥土中的安逸生活，但却收获了在阳光下发芽微笑的机会；小鸟失去了几根美丽的羽毛，却经过风吹雨打，收获了在蓝天下凌空展翅的机会。人生总是在失去与获得之间徘徊，没有失去就没有获得，而且，失去本身就是另外一种获得。因此，对于得与失，还有什么看不开的呢？

启示

人往往如此，得到的东西不珍惜，一旦失去才知道珍贵，漫漫人生，多少人感叹：覆水难收，后悔莫及。有时候，不是幸福太少，而是我们不懂得把握，并非得到越多就越幸福，幸福就是珍惜当下所拥有的，这样才不会给自己留遗憾。

第7章 路途上的停顿只是休整，别忘了再出发

人生是漫长的旅途，当暴风雨袭来，路面满是泥泞，路边又是荆棘丛生，这时我们会感觉心累。累了总是要休息的，不要挣扎着向前走，不妨停下来休整一下，蓄足力气之后，别忘了再出发。

暂停的脚步，是为了更好地出发

只会向前猛冲，而不懂得减速缓行的人，在人生的某个弯道处，一定会冲出跑道，损失更多。生命只有两种状态：运动和停止。处于生活压力下的人每日都在拼命地劳作，虽然双休日能够在家小睡个懒觉，但恐怕心也不会那么淡然。

用持之以恒的精神拼搏、奋斗是人必须具备的一种品质，但并不意味着要一刻不停地奔波与忙碌。适可而止，会休息才会成长。停止是一种总结，是对过往的一种评价和分析。只懂得埋头向前，一味向目标奔波，也许你已经走在丢了西瓜捡芝麻的道路上。

懂得减速和停止，是人生的一种境界。一味地追求高速度和高效益，也许并不能达到预期的目标，反而会适得其反，用了多大的冲劲，就能招致多大的损伤。这是必然的，或许就是因为有了喘息的机会，才有足够的体力进行下一步的飞跃。有过登山经历的人都有这样的体会，那就是：山很高，需要分好几个阶段才能登顶，最关键的其实就是在中途如果不停下来休息，那么就必然会在最接近终点的时候落下。

停止，并不意味着停滞不前，没有了目标与方向，这仅仅是你短暂的休息调整。学会停止不是意味着永远止步，而是积攒后劲以便更好地前进。学会停止也是一门艺术，当你学会高飞后，你要不时回头看一眼，知道还有哪些是你需要继续学习的。

生活犹如爬山，你的周围是群山峰峦，有上坡就有下破，上坡容易下坡难，这是众所周知的道理。为什么？上坡时大家会一鼓作气地向前冲，或许中间不需要停下，但下坡就不是这样，如果你不懂得停止，那么你很可能摔得头破血流。

即使是平地亦是如此。平地的时候你就更需要停止，正因为看不清楚前面的方向，你就更需要适时地停下，或休息调整或稳定前行，这是必须的。

在工作与学习一段时间后停下来适时总结，你可以储备有用的信息，不至于在忙忙碌碌中让工作和生活没有重点，晕头转向。在总结中，你会看到自己工作和学习中的得失，评价方法选择和运用得是否合理，发现最值得以后借鉴的东西。在总结中可以培养与锻炼自己的思维方法、分析能力、辩证观点，实际上这是自我提高的好方法。正如哲人所说，总结一次，认识提高一次。总结也是一种短暂的休整，为了以后更好地前行。

有这样一首诗来形容农夫插秧：“手把青秧插满田，低头便见水中天。身心清净方为道，退步原来是向前。”放弃前进，选择退却，原来却是向前迈了一大步。这样一首通俗易懂的小诗，却道出了退与进的哲理。有的人读书，希望立竿见影；有的人做生意，希望一天就能赚很多钱；还有的人只要看见利益，就想着得寸进尺。

其实，在人生中，有时候做人处世都应该学会退一步，这样才能更进一步，也就是我们常说的“以退为进”的策略。当你放弃了前进一步，选择退却一步，这才是向人生迈进了一大步。许多人为了功名利禄，总是奋不顾身地向前争取，有的来不及退步而跌入险坑，摔得粉身碎骨；有的来不及躲避而碰上墙壁，撞得鼻青脸肿；有的来不及刹车而扑向了岩壁，落得个头破血流。

如果你在当时能够选择后退一步，多转个弯、多绕条路，那么你就多了更宽广的进取空间。后退一步并不是懦弱的表现，而是为了再次奋发进取；后退一步并不是一种放弃，而是休养生息，等待下一个机会；后退一步并不是真的输了，而是为了更进一步。所以，当你的人生陷入窘境，不如暂时放弃前进，选择后退一步，这样你的人生才会有更大的前进空间。

勾践选择了退一步，忍辱负重，最终一举歼灭吴国。当我们在赞赏勾践的时候，往往忽视了另外一个智者，也就是勾践的第一谋臣——范蠡。他作为“卧薪尝胆”的第一谋臣，侍从越王勾践20余年，苦身戮力，卒于灭吴，成就了越王的霸业，还被尊为上将军。然而就在越王勾践成功歼灭吴国之后，功成名就的范蠡却放弃了荣华富贵的生活，选择悄然隐退，与西施一起泛舟齐国，最后在海边结庐而居。后来，因为范蠡的聪明头脑，又积累了丰厚的家产，成为齐国主持政务的相国。当我们再翻开那段历史，你就会发现范蠡在越王勾践后的“以退为进”，果断地放弃已取得的位置，选择退避三舍，不仅保全了自己的性命，还为人生中的再一次复出做好了准备。无论是勾践还是范蠡，他们都是真正的智者，伸张得力，最终赢得自己的人生。

我们常说：退一步海阔天空。其实就是这个道理，当你选择了退一步，就给了自己更多的机会，也为再进一步提供了更大的空间，所以，退一步表面上看是一种放弃，却是一种智慧的抉择。有的人选择从官场退居田园，是为了等待机缘；有的人选择隐居山林，是为了等待明君。他们的行为看似退一步，实际上是为了更进一步。所以，在人生的道路上，只要你适时选择退一步，就能更好地向前跨一大步。

停止是一种明智的取舍，看似放松前行的脚步，停止奔忙的步伐，甚至会让自己经历另一个停车——起步。但你要记住，没有舍弃，就没有获得，不愿停下来审视自己的人，永远也不能发现自己的缺点，实现自己的质变。

不管是工作还是学习，适时调整自己都是必需的，努力一阵子，短时间的调整，现在的社会已经是短时间效益的集合体。各种庞杂信息大量地扑面而来，为我们提供了无穷尽的资源，创造了前所未有的各种机会，我们似乎没有足够的时间和精力去做每一件事情。这个时候我们就需要调整，需要适时地停下，这是我们所必须具备的素质和要做的准备。

在人生的路途上，懂得停止，从更高的境界理解是：学会停止也就是知道在该放下的时候放下，该拿起的时候重新拿起，暂时停下手里的工作，用心去聆听这个世界。换一种触觉，同时意味着你获得另一种灵感与机缘。一阵子的忙碌与调整，机会很多，要改变的思路相应的也有很多，那么停下来，以一种旁观者的角色去重新定位、重新武装，不失为大将之风范。

启示

懂得停止，是为了让自己跳出庐山，从更高的层次和视野看待自己、看待事情。人一味向前，就看不到脚下的陷阱，即使自己迷失在歧路上，也总感觉只要奔忙，很快就能到达目的地。殊不知，南辕北辙这样愚蠢的事也许你正在做着。

你只管努力，剩下的交给时光

尼采曾说：“如果你想走到高处，就要使用自己的两条腿！不要让别人把你抬到高处；不要坐在别人的背上和头上。”在这个过程中，你的每一分努力都有时光的见证，而时光会将那些最好的东西留给最优秀的你。一个人要想成就大事，从心底里感受生命的充实，那就必须靠自己。所有的事实都证明：“一切靠自己”是最明智的人生理念。虽然我们可以靠父母和亲戚的庇护成长，因爱人而得到幸福，但是不管怎么样，人生归根到底还是要靠自己的努力。

生命中，往往是那些艰难的时刻成就了我们。生命中如果没有逆境，也就无法使才能与智慧获得增长。如果你想采摘玫瑰，就不要怕刺扎破手指。人的一生中不可能只有成功的喜悦而没有遭受挫折的痛苦，一个人如果能在失望与绝望中看到希望，抓住新生，他就已经获得了一半的成功。

人生中没有直路，当你踏上人生征途，就要做好迎接挫折与挑战的准备，面对挫折坚强不屈，绝不退缩，把挫折当成奋斗的阶梯，当成磨炼生命的礼物，用自信、乐观和毅力面对挫折，用坚强、镇定和勇敢战胜挫折，就能一步步地实现自己的梦想。

威廉·李卜克内西说："才能的火花，常常在勤奋的磨石上迸发。"你是勤奋还是懒惰，时光会是最好的见证。如果一个人是勤奋的，那么他就拥有了成功的机会；如果一个人是懒惰的，那么他就一定不会成功。勤勉和成功是互相制约的，虽然你的勤劳并不一定会给你带来成功，但是无论如何，每个人都要努力工作，因为这是走向成功最基本的条件。

杨润丹说："一个女人在中国北京，我们没有任何背景，没有任何关系，一开始赔了很多钱，无数次地想背包回去不来了，那会儿我还生病，可是我想这么多人跟着你，人家把工作给你，就是相信你，所以，我只能成功，不能后退。"杨润丹，这就是一个耐力与勤勉并行的女子，她心中的那份认真与耕耘，最终因努力而换得了最好的奖赏。

宣永光曾说："困难是欺软怕硬的。你越畏惧它，它越威吓你。你越不将它放在眼里，它越对你表示恭顺。”生活中的艰难是必然的，所以，当我们遇到它时没有必要怨天尤人。面对艰难，不要畏惧，迎难而上，直面困难，将生活中的每一个艰难都当作上天对我们的考验。只要我们心中怀着必胜的信念，对自己说：“我能行！”那么，那些艰难的时刻最后往往会成就我们。

查尔斯·詹姆士·福克斯对那些面对艰难从不灰心丧气的人，总是寄予厚望，他说：“年轻人首次登台亮相就博得满堂喝彩当然不错，不过我更欣赏在失败后还能一再尝试的年轻人，这才是生活的强者，他们往往比首战告捷的人发展得更好。”在追寻梦想的路程中，挫折与失败最能考验人的意志，也最容易让一些人胆怯、恐慌、生气和抑郁。但是，只要我们坚持心中的梦，忍受艰难时刻，最终会等来梦想照进现实的一天。

许多人想努力的时候，总会怀疑：我的努力是否会白费？我要不要这么拼命努力？他们总会担心自己的付出未能得到应有的回报。现实却是努力才有可能成功，不努力连失败都不会临幸于你。持续为自己的梦想和人生努力吧，时光往往会把最好的东西留给最优秀的你。

启示

一个有追求、有抱负的人，总是将艰难时刻当作动力。敢于乘风破浪，让困难成为自己的垫脚石。艰难时刻对于自立的人来说是一块成功的跳板，对坚强的人来说则是一笔宝贵的财富。

休憩时请学会等待

易卜生曾说："不因幸运而故步自封，不因厄运而一蹶不振。真正的强者，善于从顺境中找到阴影，从逆境中找到光亮，时时校准自己前进的方向。"挫折与失败最能考验人的意志，也最容易让一些人胆怯、恐慌、生气和抑郁。其实，每个成功者都曾经历过失败，只是他们用自信和坚强的意志，战胜挫折迎来成功。可以说，成功者大都是经历失败最多、受挫最重的人，他们在坚持不下去的时候，选择了等一下，再等一下，最终迎来风雨之后的彩虹。

你是否有耐心在这种绝望时等一下，哪怕再等一下！偶尔的困难与挫折是生活中不可避免的常事，任何的抱怨与难过都毫无用处。所以，我们需要做的，就是乐观地坚持自己的生活。当别人都放弃的时候，依然坚持不懈，直到成功的那一天。

面对同样的一件事情，不能坚守、不会选择、不懂思考，便不会有所成就。很多人在本该放手一搏的时候，却犹豫彷徨，不愿意再试一下，不想再付出看似多余的努力，而去贸然地选择一条看似明智的路，最终的结果只是一再地变换自己的目的地，就连上帝也被你弄得晕头转向，不知道该把金子放在哪里。

德迈斯特说："成功的秘密在于知道怎样等待。"大家知道织锦是怎么做成的吗？是时间和耐心把桑叶变成云霞般美丽。没有播种就没有收获，我们必须耐心地、满怀希望地长时间等待，才可以尝到最甜的果子。

所以，在你坚持不住时再坚持一下，在绝望时再坚持一下，希望和成功将会一起到来。生活本身是由无数个目标组成的，亦是由无数个对目标的等待组成的。不管是成功还是幸福，都不会一下子来临，这期间的等待是必然的。一旦我们煎熬不住，缺乏耐心的时候，成功也会随之而去。

在这个世界，没有人能随随便便成功，罗马城也不是一天就建成的。一步登天的奇迹，以及一蹴而就的成功，那也是经历了上百次的尝试，才铸就了这样短暂的光辉。

俗话说："台上1分钟，台下10年功。"有可能在台上表演的时间往往只有短短的1分钟，但为了台上这1分钟的表演，许多人却要为此付出10年的艰辛努力，甚至更长时间。

成功不是一蹴而就的，是靠每一天的艰苦付出所建成的，做每一件事就好像建罗马城一样，要想把它建成、建好，你就必须付出超人的代价和心血。

一个人成功的过程无异于一颗沙砾变成珍珠的过程，在这个过程中，你需要经历痛苦与枯燥，而且你必须等待着、忍耐着，当你走完黑暗与苦难的隧道之后，你才会发现，原来平凡如同沙砾的你，在不知不觉间已经成为价值连城的珍珠。

我们应该记住，通往成功的道路从来都不会是一条风和日丽的坦途，人生必须渡过逆流才能走向更高的层次，最重要的是在这个过程中学会等待，蓄积待发，最终一举成功。

一个人若是不付出、不努力，就梦想着成功，那根本是做白日梦，时间不会给予你任何东西，只会给你的人生留下一段空白。生活就是这样，你需要付出，才能有所收获，而这样的付出是不间断的，一旦你放弃了，那你即将获得的成功也会随之不见。

更多的时候，你的付出与收获是成正比的，你付出的汗水和艰辛越多，你收获的东西也将越多。相反，如果你一点都不想付出，只想坐等成功，那是根本不可能的，你等来的终究是一场空。

启示

要想成功，就必须等待，而且要学会等待、善于等待，再坚持一下，再等一下，说不定就有奇迹出现。成功前的等待是煎熬的，忐忑不安，渴望成功，又担心失败，这期间的情绪是复杂的。但是，不管多么煎熬，请对自己说：再等一下！

煎熬的日子，请怀着志向蛰伏

蝴蝶的蜕变是需要付出代价的，它所承受的代价就是忍受痛苦：蜕变的苦痛、等待的焦躁、忐忑不安的心境。这些都是蝴蝶在蜕变之时所承受的苦痛。其实，人何尝不是一样呢？如果一个人想要成功，那就必须经历一个煎熬的过程，就好像蝴蝶蜕变一样，刚开始可能你只是一个什么都不会的毛头小伙子，后来慢慢开始有了想法，开始去尝试，尝试之后是失败，失败了再尝试，在忍受了无数次失败的痛苦之后，你才能迎来成功。在这个过程中，你更需要忍受和坚持自己的志向。

许多人都知道蝴蝶的蜕变过程，先是虫卵，然后等春天来了，出来了毛毛虫、菜青虫之类的虫子，这时基本上都是害虫。然后它们生长一段时间以后成熟了，就开始吐丝结茧，再过一段时间之后才会变成“翩翩起舞”的蝴蝶。

很多时候，我们已经忘记还有一种东西——耐心，当我们保持顽强的耐心，再沉寂的时光也会让我们变得更坚定，成功也就是指日可待的事情。

任何一次成功的背后，必定是百转千回的磨砺和痛苦，甚至是一次痛苦的蜕变，所以说，成功是需要耐心的，需要更顽强的耐心，哪怕再沉寂的时光，也不要磨灭自己的志向。沉寂的时光磨不去坚定的志向，它只会成为我们努力奋发的见证者。甘受寂寞和孤独，我们才能迎来成功的曙光。

启示

在万花丛中，我们看蝴蝶，那美丽的翅膀抖动着，那亮丽的花纹在阳光的照射下更是熠熠生辉。可是，我们在赞叹蝴蝶美丽的同时，是否想到它蜕变背后的艰辛呢？它们在最痛苦的时候，依然没有忘记蜕变这个志向。

不要因为安逸而放纵自己

俗话说：“学好千日不足，学坏一日有余。”坏习惯、自由散漫一学就会，而严守纪律、严格约束自己则要困难得多，这提醒我们：如果想成为一个有用的人，想要有所作为，就一定要严格要求自己，付出艰辛的努力；假如我们习惯于贪图享乐，就很容易使自己变得懒散、堕落，最终一事无成，甚至有可能步入歧途。

在生活中，我们要经常检查自己，督促自己，克服自己的不良习惯，严格要求自己，不断地完善自我，最终成就自我。在人生的道路上，我们会面对各种不同的挑战，但是，我们最大的敌人并不是别人，而是自己，我们更要勇于挑战自我。一旦察觉自己有了走下坡路的趋势，一定要及时刹车，努力克服坏习惯，这样我们才有足够的能量踏上“上坡路”。

一个人想要征服世界，首先要战胜自己。在日常生活中，年轻人很容易就会陷入自我的泥潭而无法自拔，沾染上一些坏习惯，整个人变得颓废不堪。学坏总是那么容易，而要想学好却是难上加难，为了避免自己一不小心走“下坡路”，我们应该时刻警惕自己的行为，努力走向上坡，欣赏别样的风景。

一旦没有了约束，那么你就会不断地放纵自己，直到毁灭的那一天。生活对于我们而言，每天都充斥着未知的诱惑，可能是金钱与地位，可能是享乐与欲望，但是，当你开始深陷其中的时候，是否察觉到人生已经开始走下坡路了呢？

哲人说：“贪图享乐是厄运的源头，克制好自己的欲望，做好自己的事情，才能平平安安地度过自己的人生之旅。”朋友们，随时警惕自己的行为，不要让自己踏上贪图享乐之路，无论是欲成大事者，还是一个普通的人，在任何情况下都不要放纵自我。

一个人要想征服世界，就需要适时自省，不断完善自己，人生就是一个不断完善和超越自我的过程，即使我们不可能凡事做到尽善尽美，但是，我们应该努力让自己更好一点，努力去追求完美。只有向前努力了，生活才会给予你相同的回报。人最大的敌人就是我们自己，要想战胜自己，首先就要学会自省。

一个不懂得自省的富翁，也可能被一无所有的乞丐嘲笑，那是因为富翁在不断地自我膨胀中忘记了尊重他人。一个成功者要善于进行广泛的学习，用那些学到的东西来检查自己的言行，遇到事情才不会糊涂，自己的行为才不会有什么过失。

自省是我们认识水平不断进步的动力，自省是对我们的言行客观评价的标尺。现代社会是不断变化的，我们与周围的一切都息息相关，过去和未来都与环境有着密切的关联。对此，我们在处世之中需要有正确的定位，这将决定我们以后的一切，成败在此一举。所以，对于每个人而言，自省是非常有必要的。

启示

在生活中，每个人都是不完美的，个体上都有缺陷，智慧上也有不足之处，特别是一些年轻人，社会阅历浅，做事缺乏经验，容易出错，说话容易得罪人，这时就应该进行自我反省。通过自省，可以历练我们，让自己更富有敏锐的洞察力，更加清楚地认识自己。

停止是为了做出更好的选择

有时候，人生脚步的停止是为了做出更好的选择。人生好比一座山峰，需要我们去攀登。在攀登的过程中，有悬崖也有峭壁，这时就需要有勇气。选择和勇气是成功的前提，拥有勇气，你就向成功迈进了一步。其实，所谓的成功者，他们与其他人的唯一区别就在于选择，别人不愿意去做的事，他去做了，而且是全身心地去做。所以，成大事者其实只需要那么一点点勇气。

人生要勇于选择，强者从来不知道什么叫失败，他们让人敬佩的地方不在于不惧失败的精神，而是他那屡败屡战、越战越勇，最后获得胜利的勇气。

一个人即使什么都没有了，但至少还有勇气，那是人生最大的财富；有了勇气，就拥有了一切，就成了战胜众人、夺得王者之位的强者！

如果失去了金钱，你失去的只是一点点；失去了工作，你就失去了许多；而失去了勇气，那你就什么都失去了。有人认为勇气是天生的，事实上，勇气大部分是靠后天锻炼和培养的。现实中，如果一个人缺少了勇气，哪怕有再多的知识、再强大的体魄，也无济于事。

我们常抱怨自己没有遇到好机会、生不逢时，然而机会一旦降临，你是否有足够的勇气和胆识去把握？中国富豪陈天桥无视破产和合作商撤资的危机，坚定自己的信念，勇敢果断地选择进军网络领域，刮起了一股网络旋风，创造了令人惊叹的财富奇迹。

有人喜欢住最豪华的别墅，有人喜欢开最奢华的轿车，有人喜欢最优越的工作，有人喜欢拿最高的工资。每个人都渴望最好的生活，因为最好的总是颇显珍贵，而那些太过于平凡的东西则不会受到人们的欢迎。

实际上，那些最好的往往却并不一定是适合自己的。或许，你住惯了小胡同，突然到了别墅里，吃饭睡觉都觉得极不自然；高级的轿车虽然很漂亮，但每次使用都要格外珍惜，好像一点儿也不适合性格大大咧咧的自己；优越的工作很不错，但压力太大了，自己也承受不了；最高的工资是总裁的工资，好像自己努力一辈子也达不到那个水准。

所以，那些在我们眼里是最好的，在实际生活中根本不适合自己。有人说，我买东西通通都买最贵的，但是，很多东西买回来才发现华而不实，一直搁在那里没有使用。生活中的很多事实证明，最好的往往不适合自己。所以，当你面对选择的时候，一定要选择适合自己的，而不是最好的。

在人生的路途中，很多时候我们面临着艰难的选择。在升学阶段，有重点学校和普通学校的区别；在每一个学校里，有尖子班与平行班的差别；等到我们进入社会，到处奔波找工作，又遇到了这样的差别。

有人曾经遇到过这样的选择：一个是微软公司里的一名普通职员，一个是名不见经传的小企业的一名经理，试问你会选择哪一份工作呢？当鸡头与凤尾摆在面前，你更倾向于哪一个呢？这样的抉择实在令人烦恼，许多人都不知道自己该如何选择。

自古以来就有“宁做鸡头不做凤尾”的说法，许多人认为鸡头虽然不怎么好听，也上不了台面，但毕竟是一个首领，而凤尾却总是跟随在别人的后面。但也有人说，鸡头再怎么靠前也是不起眼的，而凤尾虽然落在了后面，但毕竟是凤身上的东西，自然比较珍贵。这真可谓婆说婆有理，公说公有理，谁也道不出哪个更有道理。

其实，这本身就是一个极其困难的抉择，有人愿意当鸡头，有人愿意当凤尾，有人适合当鸡头，有人适合当凤尾，最恰当的选择是适合什么角色就选什么，最重要的是适合自己。无论你处于什么样的位置，都要付出努力才有可能成功。所以，做鸡头也好，做凤尾也罢，都需要无愧于自己的选择。

许多人在选择爱情的时候，都会恪守一个原则：选择合适的而不是最好的。其实，在人生中有很多选择，也跟选爱情是一样的道理，只有合适自己的才是最好的。在这个世界上，用什么来衡量好坏呢？是人们的眼光还是自己亲身的经历？我想更多的人会觉得自己亲身经历才有说服力吧。

有人撞得头破血流，挤上独木桥，踏上了考公务员的艰辛历程，当他终于经过三次考试获得正式的职位，却发现坐在办公室里看报纸、喝开水并不适合自己的个性；有的人抛弃了大学男友，毅然选择了有车有房的成功人士，结婚之后才发现他根本容忍不了自己的性格，于是含着泪水拿了离婚证；有的人一路奔波，终于买了房子车子，跻身为上流社会的一员，却发现整天的应酬根本就是自己的克星。爱情需要适合自己的，生活需要适合自己的，工作需要适合自己的，这样你才会赢得人生的幸福。

那些在别人身上颇显珍贵的东西，在自己身上并不一定显示出珍贵来，因为不适合。如果你选择了一份合适的工作，选择了一个合适的对象，买了一套合适的房子，那么你的生活是非常幸福的。任何人与事都需要合适或不合适，简单的一句“不合适”，你就可以拒绝，因为不合适，强求来的只会是长久的痛苦与磨难。有多少人以“合适”来作为自己的标准呢？

人生，最重要的两件事情就是勇于选择和敢于放弃，尽管我们无法选择起点和终点，但在这之间充满无数个选择的机会。

启示

如果我们想实现自己的梦想和价值，就必须善于选择自己的人生之路。勇敢地选择自己想走的路，选择自己想要的人生，然后朝着这个方向一直走下去，美好的世界往往在尽头等着你。

第8章 努力的人总要走上一段孤独黑暗的路

每个人的一生总有一段路需要自己孤独地走，总有一些艰难困苦需要自己一个人扛。不管在什么时候，我们都不要期望别人会来解救自己，更不要轻易地将希望寄托在别人的身上，也别害怕孤独，只有战胜孤独，我们才能真正强大起来。

成功的路上总伴随着痛苦

在人生的道路上，我们常常会遭受不同的挫折与困难。面对挫折，人们有着不同的理解，有人说挫折是人生道路上的绊脚石，有人却说挫折是垫脚石，所谓“百糖尝尽方谈甜，百盐尝尽才懂咸”。与河流一样，人生也需要经历洗礼才会更美丽，经历枯燥与痛苦之后，才会收获成功的果实。

忍耐枯燥与痛苦是成功的必经之路。人生不可能是一帆风顺的，总是会有这样或那样的挫折与困难，这时，就需要我们去忍耐战胜挫折过程中的枯燥与痛苦，甚至是失败。

有一句名言：“请享受无法回避的痛苦，比别人更早更勤奋地努力，才能尝到成功的滋味。”只有忍耐风雨，才会等来彩虹。自古以来许多卓有成就的人，大多是抱着不屈不挠的精神，忍耐枯燥与痛苦之后，从逆境中奋斗挣扎过来的。

这一切都需要忍耐，如果没有坚强的意志力，就难以忍受，最后就不能获得成功。如果你想赢得成功，就不得不忍耐这路程中的枯燥与痛苦、失败与辛酸，在忍耐之后继续奋斗，这样你才有力气走到最后，才能走向通往成功的路途。

许多年前，一位成功女士到美国罗纳州的一所学院演讲。尽管这所学院规模看起来并不是很大，不过由于这位女士的到来，让这个看起来狭小的礼堂挤满了满脸笑容的学生，而他们都为可以聆听成功女士的演讲而感到幸运。

罗纳州州长简单介绍之后，成功女士走到麦克风前，先是看了看下面的学生们，然后开口说："我的生母是一个聋子，而亲生父亲不知道是谁，我甚至不知道他是否还活着，我这辈子所获得的第一份工作是到棉花田里做事。"

听到这样意外的介绍，台下的学生们都惊呆了。而那位站在讲台上的成功女士继续说："假如我们所遇到的情况不是那么令人满意，我们总可以想办法去改变。一个人如果想改变自己的现状或无法令人满意的情境，只需要回答一个简单的问题，那就是我希望情况变成什么样，然后就全力以赴，朝着这个既定目标前进即可。"说完，她的脸上绽放出美丽的笑容："我的名字叫阿济·泰勒摩尔顿，今天我以美国唯一一位女财政部长的身份站在这里。"顿时，整个礼堂爆发出热烈的掌声。

阿济·泰勒摩尔顿是一位女性，一位生母是聋子、不知道亲生父亲是谁的女性，一位没有任何依靠饱受生活磨难的女性，而恰恰是这位表面柔弱的女性，竟成为美国唯一一位女财政部长。说到自己的成功，她却只是轻描淡写地说："我希望情况变成什么样，然后就全身心投入，朝理想目标前进即可。"她忍耐了风雨，所以最后等来了彩虹。

童年时期的施罗德曾在杂货铺里当学徒，那时他常说的一句话是：“我一定要从这里走出去！”他成功了，而且，比自己想象中走得更远。即使，在成功的路上伴随着困难，但是，施罗德从来没有把困难当成一回事，儿时的记忆让他明白：自己必须忍耐贫穷生活带来的枯燥与痛苦，不断地向前行，这样才能等来彩虹。

如果经不起挫折，忍受不了挫折带来的痛苦与失败，我们将沉缅在毫无希望的生活里，永远没有前进的方向。凡是能够成大事者，他们必须耐得住痛苦，忍受得了失败的打击，因为成功需要风风雨雨的洗礼，而一个有追求、有抱负的人，他总是视挫折为动力。

启示

天将降大任于斯人也，必先苦其心志，劳其筋骨，饿其体肤，空乏其身，行拂乱其所为，所以动心忍性，曾益其所不能。在忍耐了那么多的枯燥与痛苦之后，我们将看见最美丽的彩虹。

高唱“百忍歌”，等待时机

等待并不是坐在那里默默地忍受一切，而是从心里接纳所面临的事情。当生活中的挫折与困难迎面而来的时候，暂且不去下判断，不论遇到多么大的事情，最好暂时忍耐一下，也许到了下一刻事情就会有转机，有了解决问题的办法。

或许，别人都耻笑韩信懦弱，但韩信本人却不以为耻。实际上，当时，韩信不是不敢刺那个屠夫，而是韩信胸怀大志，不愿与小人多生是非，如果一剑将他刺死了，自己也难以逃脱。因此，他甘受胯下之辱，他知道“小不忍则乱大谋”的道理，暂时忍受时光的煎熬，等待一个可以施展自己一身才华的机会来临。

等待是一种崇高的人生境界，古人作的“百忍歌”中有这样的句子：“忍得淡泊养精神，忍得勤劳可余积，忍得语言免事非，忍得争斗消仇冤。”

等待不是软弱，反而是一种大度。等待也并不是妥协，而是一种胜利。在生活中，学会审视一下自己，我们根本没有必要对周围的一切都那么苛刻，要学会等待和忍耐，这样会让生活变得更加轻松。

常言道：“小不忍则乱大谋。”在成功之前，我们往往需要忍耐长时间的寂寞时光。生活中的每一个人，不管是谁，在人生中都难免会深陷逆境，却一时又无力扭转面临的逆境，那最好的选择就是暂时忍耐，因为事情总是在不断变化中，一旦有利的时机到了，那成功就指日可待。

所谓“忍一时风平浪静，退一步海阔天空”，学会在忍耐中等待命运转折的时机。大凡成大事者，必定能忍得一时之辱，容得一时之痛。

启示

忍耐是一种品质、一种精神，更是一种成熟、一种理智。因为忍耐，在磨难与挫折面前坦然豁达而不灰心丧气，它似乎可以给人生一种奋进的力量，在布满荆棘的道路上，在变幻莫测的航行中，忍耐给予的生命光芒在信念中闪烁。

忍受寂寞，在寂寞中努力

努力的路上充满了艰苦，而这条路永远都不会一帆风顺。不管是坎坷、无奈，还是寂寞和孤独，都常常伴随在努力者身边。在努力的过程中，当寂寞成为一种内心感受，成为生活的常态，成功看似很遥远，实际上它已经慢慢到来。在努力的路途中，能忍受寂寞，就是在守候成功。

刘若英在成名之前，只是一个普通的女孩，一个有梦想的女孩。她的梦想就是站在舞台上唱歌，虽然，她的样子很普通，不过这并不能成为阻碍她追求梦想的理由。尽管信心满满，但她依然遭受了打击，在一名著名音乐人的制作室里，她听到的却是这样的话：“你的嗓音和你的相貌一样不漂亮，我看你难以在歌坛里有所发展。”听了这样的话，她感到很伤心，但并没有绝望。

她默默地留了下来，即便梦想很遥远，成功很遥远，但她希望能为自己的梦想努力，默默地努力。在公司，她什么杂活都干，端茶、倒水、制作演出时间表、帮其他歌手拿演出服装……身边的人感到不理解，她却笑着说："我默默地守着，因为这是离我梦想最近的地方。"

终于有一天，刘若英可以微笑地站在自己的舞台上，用并不惊艳但非常温暖的嗓音感动着全世界的人。然而，在成为歌手之前，她却忍受着巨大的寂寞和无助，不过她从来没有放弃过努力和坚持。

努力从来都是伴随着痛苦和寂寞，寂寞就是努力路途上所必须承受的。谁又没有遭受过寂寞，谁又没想过摆脱寂寞呢？一旦决定了要去努力，就要做好承受寂寞的准备。至少在成功之前，就必须努力，一个人匍匐前行，没有鲜花、没有掌声、没有赞美，甚至还会遭受嘲笑和打击，几乎没有人来关注你这个默默无闻的人。在成功到来之前，为梦想努力的人不仅过着寂寞的生活，而且还要继续努力。有的人难耐寂寞，在路途中就选择放弃；有的人却将寂寞当成储蓄，一天天的寂寞汇聚成更丰富的财富，永存在自己的人生中。

著名导演李安在成名之前，大约有6年的时间待在家里做家务。在这6年时间里，他每天除了做家务就是看书、看影片、看剧本。他努力着，忍受着寂寞的侵蚀，在寂寞中学习、积累、成长，终于成为令世界瞩目的大导演，成为华人的骄傲。如果他忍受不了寂寞，放弃自己的追求，那他就不会有今天的辉煌成就。

寂寞是人一生中不可缺少的组成部分，伴随着成长，寂寞一步步进入人们的心里，一天天增强扩散。人只有在努力中煎熬，才会慢慢成熟，眼前才会出现一道道别样的风景。“古来圣贤皆寂寞，唯有饮者留其名”，唐朝著名诗人李白就是一个懂得享受寂寞的人，他自诩是孤独的行者，自饮自乐，自歌自舞，承受寂寞，才成就了他“诗仙”的美誉。

在努力的过程中，学会寂寞就是在拒绝诱惑。当一个人对梦想的渴望更强烈，对成功的目标更坚定，能够承受住寂寞，就会走向成功。过早地妥协，只会让自己离成功越来越远。

启示

朋友们，要么为了不寂寞而甘于平庸，要么为了成功而甘于寂寞。人生就是这样，总是带着缺憾的美，没有谁的人生是完美的，为了成功先学会忍受寂寞吧！

负重前行，脚步太沉稳

古人说：“唯有埋头，乃能出头。”种子如不经过在坚硬的泥土中挣扎奋斗的过程，它将止于一粒干瘪的种子，而永远不能发芽成长为一棵大树。

沉下心做事，就是要面对现实，面向未来，顺从规律，服从大势，不做拔苗助长的蠢事，不干明天后天才有可能做的蠢事。扎扎实实，一步一个脚印地走；循序渐进，一步一步登上事业的巅峰。

卢梭曾说："节制和劳动是人类的两个真正医生。"即便每个人都是块好铁，也总得锻炼锻炼才能成钢，就是在你为生存而付出的劳动里，锻炼了一切与理想相关的东西，如自信、尊严、才识和能力。

沉重是生活的一部分，我们既要享受生活的欢乐，也要接纳生活的沉重，因为生命中有一些责任是你必须承担的，你必须负重前行，脚步才不会太飘忽。

许多人刚步入社会时都拥有远大的抱负，一心只想一鸣惊人，而不去做埋头耕耘的工作。等到忽然有一天，他发现比他起步晚的，比他天资差的，都已经有可观的收获，他才惊觉到自己这片园地上还是一无所有。这时他这才明白，不是上天没有给他理想或志愿，而是他一心等待丰收，却忘了播种。

"这山望着那山高"的想法切不可有，如果你忽略了理想必须扎根在现实的土壤里的话，结果只能被理想和现实同时抛弃。学会沉下心来，因为在人生的过程中你会看到许多山峰，但你不可能翻越每一座山峰，得到所有美好的东西。命运对任何人都是公平的，当你为没有得到而苦恼时，还是仔细想一下自己将会失去什么吧！

启示

一个人要想有所作为，首先要从清理思想、改变观念开始做起。如果本是穷人、新人还要“穷摆谱”，那么机会是不会主动光顾他的。能沉下心来的人，他的思考富有高度的弹性，不会有刻板的观念，且能吸收各种信息，形成一个庞大而多样的信息库，这将是他的本钱。

那些苦难和错误，不会白白经历

莎士比亚曾说：“困苦永远是坚强之母。”所谓的苦难、错误并不会白白经历，忍耐这些痛苦之后，它会让我们的人生绽放出最美丽的成功之花，因为忍耐力是成功的砝码。具有强劲忍耐力的人，他们从来不惧怕挫折和困难，他们甚至将挫折当作自己人格的试金石，当自己输得只剩下生命时，潜在心灵的力量还有多少呢？如果没有较强的忍耐力，就没有勇气，没有拼搏精神。

只有保持强劲的忍耐力，一往无前，坚持不懈，才会在失败中崛起，从而奏出人生的华章。人们在面对压力和困难时会激发出巨大的潜能，但在迎难而上的同时，他们注定要经历磨难之苦，这时若没有较强的忍耐力，他们就无法获得成功。因此，我们说，忍耐力是成功的砝码。

曾国藩说："困心衡虑，正是磨炼英雄，玉汝于成，李申夫尝谓余怄气从不说出，一味忍耐，徐图自强。因引谚曰：'好汉打脱牙和血吞。'此二语，是余生平咬牙立志之诀。余庚戌辛亥间，为京师权贵所唾骂；葵丑甲寅，为长沙所唾骂；乙卯丙辰，为江西所唾骂；以及岳州之败、靖港之败、湖口之败，盖打脱牙之时多矣，无一次不和血吞之。"曾国藩认为，一个人如果不通过不断的磨砺来提升自己、完善自己，就会让自己私欲、情欲膨胀，自己的意志也变得软弱。

一个人若是要想成就一番事业，那就必须不断地磨砺自己，除此之外，别无他法。凡成大事者，必须忍受得住困难的打磨，经得起失败的打击，成功需要风风雨雨的洗礼，一个有追求、有抱负的人，总是视挫折为动力。有句话说得好："能受天磨真铁汉，不遭人嫉是庸才。"所以说，磨难对于天才是一块成功的跳板，对强者是一笔宝贵的财富，而对于弱者，就是使之坚强的臂力器。

曾有人说："成功的人生是痛苦与失败的交织，是磨难与顺利的交替。"命运赐给我们机遇和幸福，同时也给我们缺憾和困难，如果我们缺乏应有的忍耐力，在痛苦与困难面前低了头，那我们也将失去机遇和幸福。

成功的人生往往是从卓越的目标开始的，但卓越目标的背后肯定是充满荆棘和坎坷的路。如果想要通过这样一条路，就必须经受得住荆棘的刺痛和坎坷的摔打，而经受住这一切，就需要较强的忍耐力，这样追求成功的意志才会坚强起来。忍耐力是人生不可多得的财富，拥有了这笔财富，就没有什么困难不能克服，没有什么挫折可以把人击倒。

启示

面对生活中的挫折和困难，不要畏缩自卑，不要怨天尤人，而是用坚强的意志和刚毅的态度对待磨难，用豁达的心态对待生活，这样我们就会多一点希望，收获多一些幸福。

曾经的委曲求全，终会换来你想要的

在生活中，在某种场景下，有些人看似委曲求全，实则是对整个局面处在运筹帷幄之中，这才是大智者。大凡做出一些成就的人，他们必定会经受一些磨难，吃尽苦头，然后才能等到出头之日，一鸣惊人。

在这个过程中，他不断地忍受痛苦与辛酸，精神上的，身体上的，那些痛彻心扉的日子，他们咬着牙，将滴落的血吞进肚子里。有时候，为了完成自己心中的理想，他可能会寄人篱下，甚至遭人白眼、受人讽刺，但他们都忍耐了过来。在这个过程中，表面上看他们好像在委曲求全，但实际上却是运筹帷幄，因为他们知道，自己的忍耐只需要等到将来的某一天，等到可以出头的那一天，一旦等到有利的时机，自己就可以将所有的计划付诸实践。那么，自己以前所受的所有苦难都是值得的，因为它们已经凝结成耀眼的成功的光环。

曾国藩在组建湘军之际吃了不少苦头，本身，组建军队就面临许多困难，同时还将遭受绿营军的挑衅，那确实是一段异常辛苦的日子。当时，咸丰帝下令曾国藩办团练，由于朝廷战事甚紧，也没办法给军队军饷，曾国藩作为军队的创办者必须解决军队的军饷问题，然而，这一切困难，曾国藩都以坚韧的意志忍了过来，他明白“只有吃得苦中苦，方能为人上人”。

忍耐，也是有目的的，如果一个人毫无目的地忍耐，不管遇到何人何事都采取忍耐的态度，那这样的忍耐就是愚蠢的。

启示

在忍耐的同时，我们应该问自己“为什么忍耐”“忍耐需要达到什么样的目的”，当心中有计划，那就必须忍耐；羽翼未丰，也需要忍耐。这样的忍耐是一种智谋，因为在委曲求全忍耐的同时，他早已经将所有的计划掌控于胸中，忍耐不过是为赢得最后的成功创造机会而已。

成功的背后，必是百转千回的磨砺

忍辱负重是一种勇气，这是一种百炼成钢的勇气，而不是逞一时之快的勇气，这样的勇气并不是逞匹夫之勇，而是一种甘愿忍受屈辱的勇气。在生活中，许多人有逞英雄的勇气，但很少有人有忍辱负重的勇气，相比较而言，后者所需要的勇气比前者更厚重。

缺少忍辱负重勇气的人，他们是难以忍受屈辱的，他们不是在屈辱中低下头，就是在屈辱中仰起头，等待着灭亡。而真正的忍耐，就是将自己的头低进尘埃里，然后等着尘埃里开出花来，那是一种何等的勇气？

俗话说："人生在世，不如意十之八九。"在生活中，我们总会为这样或那样的事情而烦心。但是，如果我们想生存在这纷繁复杂的世界里，最重要的就是学习"忍辱负重"，并练就这样的勇气。

正所谓"小不忍则乱大谋"，在千变万化的社会中，难免会发生磕磕绊绊的事情，尤其是深似海的职场，斗争、受辱更是在所难免。所以，有时候，当我们置身于受辱的环境中，要懂得忍耐，鼓足勇气忍下去，这样才能取得最后的胜利。

在日常工作中，不论自己身处何职，都需要有忍辱负重的勇气。当领导将某些事故的责任推到你头上的时候，你必须有"忍"的勇气。有时候，明明是领导的过错，或者是因为他处理不当而导致不好的结果，但在追究责任的时候，不要据理力争，而是鼓起勇气去忍耐，忍耐领导对你的指责，因为忍耐之后，将是领导对你的信任。

那些在压力与痛苦之下选择放弃或自杀的人，才是真正缺乏勇气的人，因为放弃和死亡意味着结束了所有的事情，他们没有勇气去忍受，所以才会选择这样的了却方式。所以，我们说忍辱负重是一种偌大的勇气，一种超乎想象的勇气，如果我们具备了这样的勇气，那在这个世界上，还愁什么做不成呢?

启示

生活中，许多人逞一时之快，逞英雄，自以为这样就是有勇气，这就是成功。其实则不然，真正的勇气是即使失败了，被人羞辱了，但还是忍耐了过来，并将这种忍耐当作前进的动力。

走过最黑暗的路，才会迎来曙光

对于我们每一个人来说，即便自己的能力再强、机遇再好，也不可能保证一辈子能一帆风顺。人在一生中，总会遭遇各种各样的困难和挫折，有时候哪怕付出再多的努力，最终却换来失败的结局。其实，人生本没有输赢，只要我们内心不败，总有一天，我们可以站立在成功的高峰。

俗话说：“失败乃成功之母。”失败所带来的打击和痛苦都不算什么，只要我们能忍耐失败，在忍耐中等待机遇，那就有可能反败为胜，因为反败为胜的智慧往往隐藏在忍耐中。当然，如果一个人难以忍受失败，在失败的压力下一蹶不振，甚至选择放弃自己的生命，那他是难以东山再起的。

反败为胜的奇迹往往会降临在那些内心不败的人身上，它们只会给那些懂得忍耐的人带来希望和机遇。不管是失败，还是最残酷的打击，对于一个懂得忍耐的人而言，都算不了什么，因为他明白，只要自己学会忍耐，在忍耐中发掘机遇，最终是可以反败为胜的。

忍耐，是一种看透了尘世之苦、阅尽了繁华落寞的淡定之气；忍耐更是一门哲学，是每个人的生存之道。忍耐是一种魅力，从我们的幸福开始；忍耐是一种精神，是我们的登顶之作。在生活中，若是学不会忍耐，那我们将迎来的是满路的荆棘与坎坷；若是学不会忍耐，我们早已经被那所谓的“尊严和骨气”折磨得奄奄一息。

忍耐，是岩壁生长的青松，刚硬而坚强；忍耐，是大雪压弯的枝头，厚重而沉稳；忍耐，更是冬雪初化的河流，隽永而长久。忍耐是一种淡然，一种在经历了失败的痛苦之后的释然；忍耐是一种从容，一种在遭遇了挫折之后的镇静；忍耐是一种顺从，一种在经历了打击之后的大彻大悟。而这些都是我们的生存之道，懂得了忍耐，我们才能更好地生存，才能更好地观望这个世界。

在实际生活中，那些血气方刚的人不能忍，他们有高贵的自尊和人格，若是遭受点点打击，就忍不住咆哮。于是，他们换了一份又一份工作，换了一个又一个环境，总是待不了几日，又开始满身怒火地出发，寻找下一个目的地。就这样，辗转来辗转去，结果均是一场空，好似偌大的世界，竟然容不下自己，以至于自己难以生存下去。其实，追根究底，是他们不懂得忍耐。

在生活中，反败为胜并不是奇迹，而是忍耐之后的必然结果。对于一个普通人来说，失败的痛苦是难以承受的，但如果你不断地忍耐，并在忍耐中挖掘机遇和灵感，最终成功还是会属于你的。

从失败到成功，你所经历的只是一个忍耐的过程，只要你能顺利地通过这条坎坷的路，必然会再一次赢得成功。

启示

生活就是这样，在很多时候，输赢并不是我们所能决定的，面对输赢，我们需要保持一颗平和的心，更要学会忍耐，赢得起，更要输得起。内心不败，就是我们再次赢得成功的最好秘诀。

第9章 坚持到所有人都放弃，你就是冠军

可能有人会问：成功的秘诀是什么呢？其实，若真论起来，成功并没有捷径可言，不过就是坚持，一直坚持，坚持到所有人都放弃，那你就是冠军。对着心中的目标，不放弃、不怕失败，做到有目标、持之以恒，就能创造美好的未来。

只有坚持才是唯一的出路

比尔·盖茨说：“社会是不公平的，我们要试着接受它。”这个世界没有绝对的公平，假如真的绝对公平了，反而会是另外一种不公平。一个人从呱呱坠地开始，就有很多的不公平，有可能是出生背景不同、家庭关系不同、受教育程度不同，这些对我们而言都是一种不公平。

如何缩小与他人之间的距离？唯有坚持才是出路。我们为了生存，每天不得不坚持挣扎着，以争取属于自己的那片天地。但在很多时候，我们坚持了，却没有得到期望的结果。这时不要较真、不要哭泣，也不要怨天尤人，我们需要平静地面对这个世界，因为在这个世界上没有绝对的公平，只有坚持才是唯一的出路。

面对世界的不公平，任何的抱怨以及堕落只会成为你失败的烂借口，唯有坚持和再坚持才是抵达梦想的基石。世上没有什么东西能够代替坚持，才华不能代替它，那些有才华的人不能成功的事例太常见了；天赋不能代替它，“没有回报的天赋”都快成一个俗语了；接受教育也不能代替它，世界上到处都是接受过教育而不得志的人，只有坚持才是唯一的出路。

启示

人的成长是一个漫长的较量过程，能否取得最后的胜利，不在于一时的快慢。如果你能够在自己成长的道路上静下心来，遇到困难不气馁、不灰心，矢志不移地前进，那么最终你必将获得胜利。

三分钟热情，就仅有三分的收获

在人类历史的长河中，多少卓有成就的人都是因为坚持才取得成功的：宋代司马光编写《资治通鉴》，历时19年才截稿，但那时他已经老眼昏花，不久就去世了；明代李时珍撰写《本草纲目》，几乎跑遍了名川大山，收集了多少资料，耗费整整27年的时间，才铸就了这部名著；谈迁花了20多年的时间才完成《国榷》，不料完成之后书稿被小偷盗走了，无奈之下，他又开始重新撰写，用了8年的时间才完成。

这些例子足以说明，无论做什么事情，只有持之以恒、呕心沥血、竭尽毕生，才能达到成功的巅峰，若只有3分钟热情，那你最终只能一事无成。

在生活中，做事不能只有“3分钟热情”，而是需要在保温中加温，需要持之以恒，这样才能有所为有所不为。现代社会，不少人在刚开始工作时满腔热血，但时间久了就慢慢地懈怠了，最终一事无成。

其实，工作不是仅仅依靠热情就能做好的，它更需要在保温中加温，坚持，坚持，再坚持，而不是3分钟热情，只有做到了这样，你才是真正的职场人士。或许，我们都听过龟兔赛跑的故事，在生活中，我们经常也会上演“龟兔赛跑”的剧情，有的人成了爱睡觉、做事情只有3分钟热情的兔子，他们总是情绪不稳，一会儿想要夺冠，一会儿想要偷懒，结果造成了3分钟热情的现象；而有的人则成为慢腾腾的“乌龟”，虽然跑得比较慢，但他们情绪和心态都比较稳定，他们抓住一个目标就认真地去完成，这样反而适应了社会的规律，最终夺冠。那些做事只有3分钟热情的人，他们似乎还没有进入真正的角色，有些人甚至对做事很不耐烦，他们的3分钟热情就好像是一种预警，预示着他们会放弃，或者被社会淘汰，在更多的情况下，他们往往会在东奔西跑中一事无成。

古人云：“事当难处之时，只让退一步，便容易处；功到将成之候，若放松一着，便不能成。”在生活中，很多事情并不是仅仅依靠3分钟热情就可以做好的，也不是一朝一夕就能做到的，而是需要持之以恒的精神，需要付出时间和代价，甚至是一生的坚持。当然，在这个过程中，我们需要忍耐，坚持，再坚持，等待机会和成功的来临。

高斯成功的秘诀就是“专心致志，持之以恒”，他在做研究时，总是坚持到底，他最反对的就是做事半途而废。他在证明一些重要的数学定理的时候，总是采用多种解决、证明的方法，并从中发现最简单和最有力的方法。正因为高斯如此持之以恒地钻研数学，才能够为科学事业的发展做出卓越的贡献。

生活中，那些“3分钟热情”先生和小姐，尽管他们接触了不同的工作，涉猎了不同的行业，但最终他们做不成任何一件事情，他们只是在寻求猎奇的过程中获得了满足，最终，他们将一事无成。相反，那些只做了一件事情，并坚持到底的人，他们在某个行业或某个领域达到了一定的高度，他们才是真正的成功者。

有人问著名的组织学家聂弗梅瓦基为什么将一生都花在研究蠕虫的构造上，聂弗梅瓦基回答说：“你可知道，蠕虫虽然很长，但它的人生却很短。”的确，一个人的生命是有限的，而科学研究是无止境的。

启示

简而言之，如果你想获得任何一项事业的成功，就必须持之以恒，甚至付出毕生心血，对于成功而言，恒心就是力量。

坚守时间的打磨，滴水穿石

古人云：“锲而舍之，朽木不折；锲而不舍，金石可镂。”

这充分说明一个人只要有恒心，迈着坚定的步伐，义无反顾地向前走，最终会沐浴胜利的光辉。如果你去过乡下，有幸可以看到有屋檐的老房子，那你就会明白其中的很多道理。

在乡下，屋檐之下是石头砌成的平台，屋檐上是瓦片铺盖而成的屋顶。每当下雨的时候，天上的雨水降落下来，滴在屋檐上，那水珠就顺着瓦檐流下来，好像珠子串成的帘子一样，而水珠滴落到平台的地方，经过长年累月的打磨，坚硬的石头上面竟然出现一些小坑洼。那是多么神奇的力量，柔弱的水珠，竟然可以将石头滴穿？其实，不必为此感到惊讶，因为这就是“滴水穿石”的真实现象。

“铁棒磨成针”和“滴水穿石”的道理是一样的。李白正是靠着这样的耐力，攻读百书，才铸就了后来的诗仙。在生活中，不管我们遇到多大的难事，都不要畏惧、退缩，而是勇敢地向前，每天坚持一点点，长年累月，累积起来的力量足以干成任何大事。哪怕是很小的力量，经过时间的打磨，也会蜕变成一股强大的力量，而这正是推动我们走向成功的力量。

大自然的这些神奇力量一样可以引申到我们的生活中，在生活中，把那些我们忽略不计的力量一点点地凝聚起来，该会是多么大的力量。不论是做人还是做事，我们都需要坚信水滴石穿的真理，坚守时间的打磨，终有一天，我们能够顺利地采摘成功的果实。

启示

上帝给予我们的都是公平的，如果你还没有得到回报，那只是因为还没到时机，因为时间就是最好的见证者，它见证了你一点点的坚持，最后，它也将见证你的成功。

只有不留退路，才更容易找到出路

成功是建立在全力以赴、尽职尽责做好日常工作的基础之上的。千万不要小看一些事情，因为它往往是决定成败的关键。做每一件事情，我们都需要全力以赴、尽职尽责。在完成一件事情的时候，不管结果怎么样，我们都要先问自己：在做这件事情的时候，自己是否考虑全面了？自己是否竭尽全力？这才是成功者通常的习惯，也正因为这个习惯，使得他们在每一次坚持中总是能收获很多，因为每一个细节都考虑到了，他们从来不做半途而废的事情。

每个人都有极大的潜能，通常情况下，一般人的潜能只开发了2%~8%，即便是像爱因斯坦那样伟大的科学家，也只是开发了12%左右。有人为此得出了这样一个结论：一个人假如开发了50%的潜能，就可以背诵400本教科书，可以学完十几所大学的课程，还可以掌握20多种不同国家的语言。如果我们还在坚持辩解

“我已经坚持了”，那只能说你这样的辩解是苍白的，因为仅仅只是坚持还不够，必须全力以赴才行。

一个人做任何事情，心中的意图强烈与否会直接影响到最终的结果。猎狗没有饿肚子的疑虑，因此放弃的念头轻易闪现，总是想着自己的退路，所以它很容易就放弃了。而狐狸呢？对它而言生存却是一场生死竞跑，跑慢了就会没命，所以它不敢偷懒，它已经没有退路了，只有不断向前跑，才能活下来。

做任何事情都是一样的道理，当我们全力以赴、破釜沉舟，就一定能成功。假如我们心中先有预想，万一失败了，事先已经找好退路，那么成功就比较困难。

眼前的苦与累又算得了什么呢？再苦再累，那只是暂时的，只要熬过了这段时间，那未来的日子就是值得期待的，因为苦尽甘来，我们最后尝到的是成功的滋味。

上帝总是在我们尝到快乐与幸福之前，习惯性地给我们一些考验，即便在我们看来这个考验的过程是又苦又累的，但只要我们全力以赴、坚持支撑，即便遇到再大的困难与挫折，也选择不放弃，那我们就一定能品尝到成功的快乐。

或许，有人会说，不留退路是不明智的选择，有了退路，才能在危险的浪潮中获得更多生存的机会。然而，人们很容易忽视，对于大多数人而言，退路往往是诱惑人、蒙蔽人的因子，只要想到了退路，就会觉得这次不全力以赴还会有下次机会，而在这个时候，成功往往与我们失之交臂。

启示

很多时候，我们之所以失败，不是因为路途太艰难，而是因为我们丧失了继续前进的勇气，也就是说，我们没付出全力。只有不留退路，才更容易找到出路。反之，如果你总是想着退路，就很难获得成功。一个人若是太纵容自己的懒惰和欲望，就很容易迷失方向。

人心都脆弱，只是坚韧不让说

人生在世，总是会遇到这样或那样的打击，轻则失业，重则身体残缺，但无论是多么残酷的打击都抵不过人心的坚韧。人的心就好像是生长在水泥地与墙壁的夹缝中的小草一样，在哪里落户，就在哪里生根；在哪里生根，就在哪里发芽；在哪里发芽，就在哪里生长；在哪里生长，就在哪里茁壮。虽然，小草看起来弱不禁风，却显示了极其顽强的生命力，因为心的坚韧，它始终以顽强的姿态生活着，不屈不挠、不卑不亢，即使遇到再残酷的打击，它也会昂首于风雨中，这就是人心的坚韧。

人只要学会了忍耐一切，那这世界上所有的灾难和痛苦都算不了什么，在忍不住的时候再坚持一下，在绝望的时候想一想前方的希望，就这样，在所有残酷的打击之后，我们依然可以顽强地活下来。不仅如此，我们还带着希望和信心活了下来，那内心的希望和信心将铸就我们明日的成功。

小女孩在4岁那年就患上了脊椎炎，在石膏床上一趟就是4年。从石膏床上下来之后，她开始拄着拐杖走路。那时候，她并不知道这意味着什么，因为在上学期间，老师和同学们从来没有把她当作残疾人看待，也没有歧视过她。她在各方面都十分努力，不仅学习成绩优秀，而且还担任了少先队大队委员。上初中第一天报到的时候，她被老师扶上讲台，看着台下同学们注视的目光，她感到很自豪。她很善于思考，每当有别的老师来听课，老师总是会叫她起来回答问题，这让同学们羡慕不已。

虽然，她是一个品学兼优的学生，但在考大学的时候，她还是被命运给抛弃了。她的成绩超过录取线很多，却因身体残疾而无法入学，这一次，她才真正感受到自己不是一个“正常人”。后来，无论是找工作还是找对象，都因为自己的残疾而屡屡受挫。直到24岁那年，她才找到了第一份工作，成为街道上的出纳员。

她早出晚归，勤奋努力地工作，但所获得的报酬却比别人少，这种被歧视的感觉常常涌上自己的心头。后来，她成为一个刻板工，只用双手和大脑，每天描图、刻钢板，她开始接触了汉字书法。在很意外的情况下，她独辟蹊径，将心理学和熟悉的汉字书法联系在一起，创造出一套心理学书法理论。慢慢地，她成了远近闻名的心理咨询师。

或许，教人练习书法，是一件很普通的事情；给人做心理咨询，也并不是什么新鲜事情。但这位拄着双拐的残疾女孩，却将心理学和传统的汉字书法融为一体，成为很特别的心理咨询师，从而实现了自己的人生价值。在命运的残酷打击下，她没有低头，而是用内心的坚韧换来了自己的成功。这不能不说是一个奇迹。

启示

有人说：“虱子多了不咬人，所以，困难多了也不压人。遇到困难，唯一的选择就是面对。”残酷的打击算得了什么呢？那不过是促使我们更加勇往直前的力量，保持内心的坚韧，忍耐所有来自生活和人生的打击，努力扛起所有的痛苦与灾难，一步一步地走向辉煌的明天。

绝境中也可以找到希望之花

有人说：“处于不幸中，垂头丧气显然于事无补，我们要做的，除了坦然面对之外，能改变的，只有自己的心。”当生活的不幸来临的时候，积极的心态是一个人战胜一切艰难困苦、走向成功的助推器。内心不败，人就不会败。

积极的心态，能激发人自身所有的聪明才智，而消极的心态，就好似蜘蛛网缠住昆虫的翅膀一样，不断地束缚人们才华的施展。在不幸面前，有的人越过越好，而有的人却从此一蹶不振。其实，这两者的区别在于心态的差异：前者所拥有的是积极的心态，而后者却总是呈现出消极的心态。

当然，心态是个人的选择，有积极心态的人往往会处于不败之中，一个人若是有了积极、乐观的心态，那么，战胜不幸对于他来说就很容易。

这原本是一个幸福的家庭，丈夫是一家工厂的职工，乖巧懂事的儿子正在读高中。不过，这一切全因为妻子生病而改变了，如今，妻子瘫痪在床，生活不能自理。为此，丈夫不得不辞去工厂的工作，在家里照顾妻子。

看到家里这种情况，懂事的儿子要辍学打工，但是，父母坚决不同意。爸爸对儿子说："如果你不念书了，你妈妈会觉得连累了你，心里会是多么难过。你是咱家最大的希望，现在咱们苦点，等你将来考上大学，毕业后找份好工作，咱们不就翻身了吗？再说家里还有我呢！咱们两个都是男人，这个时候都需要坚强起来，没有过不去的火焰山。"儿子最终没有辍学，学校得知情况后，免去了他的学费。

但是，一家人总得要吃饭，仅仅靠着政府救济是解决不了问题的。丈夫要照顾妻子，不能出去工作，他寻思就在家里弄了一个小作坊，利用自己的手艺做些小工艺品，卖给街上的商店，商店再卖给来旅游的游客。后来，妻子也加入其中，夫妻俩在家里一边做工艺品，一边说说笑笑，丝毫看不出生活带来的痛苦。

丈夫总是很幸福地对妻子说："我觉得我们很幸福，天天都在一起，同劳动同吃饭，多好。”丈夫还学会了按摩，每天坚持给妻子按摩两小时，妻子的病情大有好转，瘫痪的双腿渐渐有了知觉。

如今，妻子在拐杖的帮助下试着练习走路，尽管很痛苦，但妻子还是每天咬牙坚持练习。她说：“尽管医生说过我的双腿不可能再恢复，但我还是想试试看，奇迹不都是人创造出来的吗？我也试试看能不能创造出一个奇迹。”

或许，看完这个故事，你根本想象不到这是一个遭遇不幸的家庭，他们跟所有幸福的家庭一样，没有什么痛苦。什么是不幸呢？心若不败，人就永远不会败。积极、乐观的心态是成功的起点，消极的心态是失败的源泉。

在遭遇不幸的时候，选择了积极的心态，就等于选择了成功的希望；选择了消极的心态，就注定了要走入失败的沼泽。如果你想摆脱不幸，就必须摒弃那种扼杀你的潜能、摧毁你希望的消极心态。

西部“牛仔大王”李维的西部发迹史充满坎坷，充满传奇。他的制胜“法宝”是：每当受到挫折、遭受打击时，绝不抱怨，并且非常兴奋地对自己说：“太棒了！这样的事竟然发生在我的身上，又给了我一次成长的机会。”对于我们每个人来说，生活和事业不可能一帆风顺，常常会遇到各种困难和挫折，我们必须永远怀有事情还会有转机的乐观心态，才能战胜逆境获得成功。

启示

积极的心态使人看到希望，保持进取的旺盛斗志。消极心态使人沮丧、失望，限制和扼杀自己的潜能。积极的心态创造人生，消极的心态消耗人生。

第10章 向着太阳，野蛮生长

也许你最近非常疲惫不堪，从白天忙到夜晚，但似乎日子还是没有变得好起来，反而越来越坏。心中有个声音在让你放弃，难道就这样轻易放弃吗？努力坚持吧，总有人懂得你的执着，那就向着太阳，野蛮生长。

活着是一种态度，坚持活着就是成功

人为什么活着？这是一个古老的问题。人为什么活着？人活着是为什么？生命到底有没有意义、价值、目的？是为了活着而活着？是为了找到爱与幸福？是为了发展自身？是为了努力向上爬，追求更真更善更美？是为了穷尽一生获取幸福？假如这一切都实现了，那以后的以后我们又是为什么而活着呢？现代社会，有几个人是为寻找活着的意义而活着呢？有几个人活着的意义就是为了寻找活着的意义？

人活着，一种是对死的恐惧，一种是对生的感恩。人的本能都有一种抗拒死亡、厌恶死亡的思想，或许有的人，并没有认真地思考过活着是为什么，只知道，活着就是活着，至少我还活着。当“生”渐渐地变成一种坚强的生命，把“死”像一只蚂蚁一样踩在脚下的时候，有人开始问自己“生”的意义，因为已经没有强大的敌人，让“生”感觉到孤单。

人这一辈子，无常之处或许会见真情，当一些灾难发生之时，应该学会怎样与它共处，因此学会重新去思考定义自己的人生，或许这才是每个人这辈子最艰难的功课。命运之神总不会一直眷顾着你，人生路上总会有磨难，假如我们遇到了，会不停地追问：为什么是我？我做错了什么？所有的这些问题，从来不会有谁给你答案，而命运之神则会平和地回答我们：为什么不能是你？任何事情发生的同时，单单是希望自己学会思考一些以往忽略的东西，学会看重一些平日看轻的情意，学会重新走路，重新认识关于一个生命的个体，生命存在的真正价值和本质的意义。

有人说，生就是爱，一种对生、对活着的爱，我们要懂得去爱上她。只有当我们爱上她并珍惜她的生活，才会感觉到生的伟大、生的可贵。每个人都有一个磁场，它可以改变物质的某些特质，而物质也会传达这种精神。所有的都是这样的循环，就好像一个画家一样，假如他是悲伤的，那么他的作品画出来，不管怎么样，都会透露出一种忧郁，当我们看到这些作品的时候，这些作品就会通过这位画家忧伤的传达，而传递到我们的思想里面，或许这时我们都会感到悲伤。

善待生，善待死亡。其实，生也是需要一种快乐来支持的，有了这种支持，才会让生命更强大、更有力。不过，快乐也不是自己快乐就快乐了、自己幸福就幸福了，介质的传播，才是你快乐幸福的根源。只有使你周围产生一种因为生、因为活着而透析出来的一种快乐、一种幸福，你才会领悟到生命的意义，才会发射出“生”的快乐。

活着是为了什么？我们始终坚信乔布斯的一句话：“活着，就是为了改变世界。”这是一句多么令人振奋的话。我们所生活的世界是多姿多彩的，每时每刻都在改变着。远古时代，原始人类发明了甲骨文，标志着人类进入文明时代。在我国的封建社会东汉时期，因为蔡伦对造纸术的改进，使得世界范围内的信息得以传播。就在20世纪80年代，互联网的产生，使得世界变得更小了。也许就在下一刻，世界或许会因为你我的发现而发生翻天覆地的变化。这是丝毫不值得怀疑的，当我们怀着一颗富有创新精神与坚持不懈的心，善于去发现身边的新事物，世界将会因为我们而发生变化。

乔布斯是世界著名苹果科技公司的CEO，多次被评选为《时代》杂志的封面人物。假如问他什么是最令人佩服的，他的回答就是创新与不断开拓进取的精神。从平板电脑到液晶电脑，从iPod系列再到如今的iPhone系列，这当中的一切发展都是他不断实践与创新的结果。这一切改变了世界，使整个世界真正地走向了电子化，使世界上的信息实现全球化，方便了人与人之间的沟通与交流。

海德格尔认为，活着，我们可以做更多有意义的事情。世界的车轮每时每刻都在向前滚动，世界每一秒都在运动与变化中，只要你我拥有不断开拓进取与坚持不懈的精神，善于发现事物，那么世界便等着你我去改变。

启示

在人生的前进旅途中，我们要相信自己，即便自己是一个毫不起眼的小人物，也要坚信我们可以改变世界，哪怕是一点点的改变，我们也应该知足。

别让乌云遮住了阳光

有两个人，一个叫乐观，一个叫悲观，两人一起洗手。刚开始的时候，别人端来了一盆清水，两个人都洗了手，但洗过之后水还是干净的，悲观说："水还是这么干净，怎么手上的脏物都洗不掉啊？"乐观却说："水还是这么干净，原来我的手一点都不脏啊！"几天过去了，两个人又一起洗手，洗完之后发现盆里的清水变脏了，悲观说："水变得这么脏啊，我的手怎么这么脏？"乐观却说："水变得这么脏啊，瞧，我把手上的脏东西全部洗掉了！"同样的结果，不同的心态，就会有不同的感受。

马克·吐温说："世界上最奇怪的事情是，小小的烦恼，只要一开头，就会渐渐地变成比原来厉害无数倍的烦恼。"对于那些习惯于活在抑郁、悲观里的人，一点小小的烦恼就好似一颗毒瘤，每天都在不停地生长，最终，毒瘤化脓，而他自己则被抑郁吞噬了。

悲观、抑郁被称为"心灵流感"，在现代社会，它成为一种普遍的情绪，但是，并没有引起人们足够的重视，有人或许认为一点抑郁或悲观算不了什么，离真正的抑郁症还远着呢！但是，长时间的抑郁或悲观，会让我们感到失望、心智丧失，就好像长期生活在阴影里而无力自拔，给我们的生活带来严重的影响。因此，为了让生活变得丰富多彩，我们应该远离悲观抑郁，积极调整自己的心态，走出抑郁、绝望的阴霾，重见灿烂的阳光。

乐观成为成功路上的助推器，相反，悲观、抑郁则成为前进道路的障碍。那些一味抱怨的悲观者，他所看到的总是事情的灰暗面，即使到了春天的花园里，他所看到的也只会是折断了的残枝、墙角的垃圾；而内心充满希望的乐观者看到的却是姹紫嫣红的鲜花、飞舞的蝴蝶，自然而然，在他的眼里到处都是春天。

很多时候，我们的生活状态在很大程度上取决于我们对生活的态度，取决于我们看待问题的方式。每个人的人生都是从一张白纸开始的，以后所发生的事情都会渐渐地在白纸上绘满轮廓，包括我们的经历、我们的遭遇、我们的挫折。乐观者会从中发现潜在的希望，描绘出亮丽的色彩；反之，悲观者总是在生活中寻找缺陷和漏洞，所看到的都是满目暗淡。

林肯在患抑郁症期间说了一段感人心扉的话：“现在我成了世界上最可怜的人，如果我个人的感觉能平均分配到世界上每个家庭中，那么，这个世界将不再会有一张笑脸，我不知道自己能否好起来，我现在这样真是很无奈，对我来说，或者死去，或者好起来，别无他路。”所幸的是，林肯终于战胜了抑郁症，成为美国著名的总统。

启示

对每个人来说，悲观、抑郁就是飘浮在天空中的乌云，它遮住了生活的阳光。因此，为了让我们的生活重见阳光，我们一定要远离悲观、抑郁，积极、乐观向上地活着。

焦虑不过是想象力用错了地方

曾经有这样一个人，可以看作是焦虑和恐惧的典型人物，据说，他已经囤积了数吨粮食，以防天灾。有人好奇地问：“如果发生旱灾，水要比粮食更重要。”他却微笑着说：“没事，家里已经挖好几口井了。”旁人大惊。后来，听说他不囤积粮食了，可是，理由却是十分牵强的，他这样告诉所有的人：“我听见许多人都在说，如果发生天灾了，大家就会来抢我的粮食，我想告诉大家的是，现在我已经不囤积粮食了。”看到这里，每个人都会忍不住摇头，这个人的焦虑和恐惧心理简直达到了极致。

虽然，我们常说“防患于未然”，但是，对未来过分地焦虑与恐惧，则成为一种心理负担，这样导致的结果就是，以后的每一天我们都将在绝望中度过。

现代人越来越焦虑，在内心里隐藏着一种恐惧，既担心自己的生存状况，又惧怕生老病死。长此以往，原本健康的身体被心理疾病折磨得奄奄一息。哈佛医学院的教授们认为：心理不健康是导致身体不健康的主要因素。例如，有的人感到身体不舒服，就老是怀疑自己生了病，整天陷入恐慌之中。

其实，在很多时候，这些只是小病或者根本就没有疾病，而是源于其内心的焦虑和恐惧。当然，心病还得心药医，不要猜疑自己的健康，保持健康的心理，心病自然就会消除，让那些焦虑和恐惧在阳光下消失吧！

吉姆是一位年轻的汽车销售经理，他的前途充满了无限希望。但是，吉姆的情绪却非常绝望，意志消沉，他觉得自己要死了。甚至，他开始为自己挑选墓地，为自己的葬礼做好了一切准备工作。其实，吉姆的身体只是出了一点小问题，有时候会呼吸急促、心跳加快、喉咙梗塞，医生规劝他："你只需要坦然处理生活，退出自己热爱的汽车销售行业就行了。"

吉姆在家里休息了一阵子，但是，他还是满心焦虑和恐惧，于是，他的呼吸变得更加急促，心也跳得更快，喉咙依然梗塞。这时，医生劝他到外面去透透气，吉姆照做了，但依然无法阻止内心的焦虑和恐惧。一周过去了，吉姆回到家里，他感觉死神快降临了。朋友告诉吉姆："赶快打消你的猜疑！如果你到明尼苏达州罗切斯特市的梅欧兄弟诊所，你就可以彻底地弄清你的病情，你也不会失去什么，赶快，立即行动。"吉姆听从了朋友的建议，他来到了罗切斯特，实际上，吉姆担心自己会在路途中突然死亡。

在梅欧兄弟诊所，医生给吉姆做了全面检查，医生告诉吉姆："你的症结是吸进了过多的氧气。"吉姆先是一愣，然后大笑起来："那真是太愚蠢了，我怎样应对这种情况呢？"医生说："当你感觉呼吸困难、心跳加速的时候，你可以向一个袋子呼气，或者暂时屏住气息。"医生递给吉姆一个纸袋，吉姆照办了，结果，他发现自己的心跳和呼吸都变得很正常，喉咙也不再梗塞了。当他离开诊所的时候，他已经变得容光焕发，原来这一切的症结都是因为内心的焦虑和恐惧。

长期的焦虑和恐惧会让我们相信，某个想象中的事情会变成现实，不可思议的是，就在这样的消极心理暗示下，那些预感中会发生的事情还真发生了。到最后，我们的焦虑和恐惧越来越严重，甚至整个人处于绝望之中，而身体真的出现了疾病。心理不健康，诸如焦虑或恐惧，会导致我们的身体不健康。所以，我们要远离焦虑与恐惧，保持身心健康。

焦虑和恐惧给我们的生活所造成的影响是不容忽视的，焦虑对我们毫无益处，只会危害自己的生活和事业，而且，还会危害自己的健康。与其花费大量的精力和心思去焦虑和恐惧，不如好好经营自己的生活，把精力和心思转移到生活上来，这样，自然而然就摆脱了焦虑和恐惧，从而获得一种轻松而美好的生活。

焦虑和恐惧是现代社会普遍存在的心理疾病，它源于工作压力、人际关系、经济问题、孤独以及交通阻塞。

启示

每天，我们都饱受着生活压力的困扰，可能或多或少都有焦虑恐惧的经历。然而，可能许多人都没有意识到，长期的焦虑会引起抑郁症，这是一种病态的心理，不仅会给我们的健康带来损害，而且，还会感染身边的人。所以，以积极乐观的心态面对生活，远离焦虑与恐惧，其实就是远离绝望。

心怀信念，努力向前

当生活没有了信念，人生就没有目标，即使每天活在这个世界上，也不过是没有灵魂的躯壳。心中有了信念，生活就有了希望，就不会感到绝望。一个人不怕卑微、不怕艰苦，就怕失去了生活的希望。坚定一个信念，点亮希望之光，照亮前方的路，我们就会从卑微、苦难中站起来，拥抱明天，拥抱阳光。

人只要心怀梦想，竭尽全力地活着，就会得到想要的幸福。也许，在现实生活中，我们都是微不足道的小人物，甚至生活已经到山穷水尽的时候，但是，想想心中的信念，永不放弃，用信念点亮希望的光，朝着前方的路勇敢前进，有一天我们会发现成功几乎是触手可及。

在这个世界上，任何人都可以免费获得信念，那些大凡有成就的人，最初都是从坚守一个小小的信念开始的。只要心中有了信念，生活就有了希望，人生之旅就有了正确的方向，我们离成功就不远了。

信念是人性中最坚强的东西，缺少了它，我们就失去生活的全部希望，很难经得起任何打击。从一个小小的信念开始，一旦拥有了信念，我们就有了继续奋斗的动力，就有了继续生活的希望，我们就会产生无穷的力量。我们想拥有一个什么样的人生，在于我们持有一个怎样的信念，对于我们来说，最重要的就是心怀信念，努力向前。

信念，点亮了心中的希望之火，让我们明白人生的意义与方向。一个没有信念的人，就好像没有灯塔的航船，注定要沉没于汪洋。

2011年，我们记住了这样几个人：西单女孩、旭日阳刚。在他们的身上，我们看不到绝望与沮丧，有的是那颗充满希望的心。

即使屡屡遭遇生活的挫败、辛酸，他们一直怀着必胜的信念，追逐着梦想，心中的信念点亮了追梦的旅程，他们看到了前方的灯塔，沿着希望一路走来，虽然有过无奈与沮丧，但在成功的那一刻，什么都已经逝去，有的就是鲜花与掌声。

生活中，很多时候我们没有办法预见明天会发生什么，所以我们就不能够坚持不懈地走下去，因为前方的路不明，我们的目标不清楚，以至于茫然失措。

但是，有了信念就有了希望，当信念的灯塔照亮了前方的路，我们就找到了那条路，找到了目标，这样我们才有可能获得成功。无论做什么事情，只要心中有了必胜的信念，就有了清晰的目标，然后选择自己坚持的方式，一定会完成自己的成功之旅。

启示

也许，我们永远在路上不停地向前走，但只要不放弃心中的信念，我们就有了生活的希望。有信念就有希望，坚持不懈，成功就在前方。

别为过去和未来担忧

假如你生活在现在，你就不要为过去和未来烦忧。无论你在过去经历了多大的挫折，受了多大的磨难，毕竟已经过去，它已经成为你记忆中的一部分，不可能影响到你今天的生活。所以不要让自己沉浸在过去的痛苦中，那样只会让你把今天也卷进痛苦的旋涡中，那么你的人生从此就开始了万劫不复的深渊。而未来还是不可知的境地，就算你未雨绸缪也不要过分地为明天担忧，你的担忧会逐渐变成你的压力和负担，你既不会为明天的到来去准备什么，也不会好好地把握今天，结果你把今天和明天都失去了。

只有牢牢地把握现在，你才有可能获得未来的成功。因为现在既是对过去你所经受的一些挫折所做出的总结，也是为未来的成功做好准备的关键时期。所以，不要为过去和未来烦忧，保持一份愉快的心情，你就能在现在发挥出你所有的潜力，走向成功。

卡耐基认为，为过去和未来烦忧，只会给人带来消极影响。所以，当他意识到自己在为过去和未来担忧的时候，他就会在一小时之内，将自己所有的忧虑全部抛掉，让自己重新变回一个对生活充满信心的乐观者。他会选择走进自己的书房，然后闭上眼睛，朝着放历史书籍的书架走去，随意抽出一本书。他依然闭着眼睛，并不去看自己手中的书，而是随便翻开某一页，他才把眼睛睁开，然后认真地在桌前阅读一小时。虽然人类历史就是由一支悲凉的笔所写成的：杀戮、瘟疫、饥饿、贫穷，但是卡耐基想到自己现在的生活，想到自己过着比过去要好几十倍的生活，他就不再忧虑了，心也开始平静下来。

美国海军上将厄耐斯特·金恩说：“如果我们的一只船沉了，我不能把它捞上来，它要是再沉，我也没有办法。我的时间要花在解决现在的问题上，没有时间为昨天的问题而后悔不已。况且，要是我为这些无意义的事情烦恼的话，我也不会坚持很久。”

不要因为过去的痛苦就一直难以忘怀，要学会从过去的苦海中挣脱出来，把握好自己现在的生活，那才是对昨天的痛苦的最好安慰。也不要想象未来的苦难，假如自己老去了怎么办？假如自己失去了工作怎么办？那些都是徒劳的，如果你不把握好现在，那么你就无法取得未来的成功。所以，不要为过去和未来烦忧，珍惜现在，把握属于自己的幸福人生。

启示

生活中没有必要为过去和未来忧虑，最重要的是把握好现在，才是对过去最好的总结，对未来最好的准备。

在最琐碎的事情里品尝快乐

众所周知，巴菲特是投资天才，可以说他是世界上最富裕的美国人之一。不过，巴菲特自己却不这样认为，他认为自己还具备人生的另外一种财富，那就是快乐。巴菲特说："活着，快乐最重要，没有必要痴迷于财富。"人生是短暂的，人活一辈子，快乐最重要，当我们拥有健康的体魄，在快乐的心境中做自己喜欢的事情，完全地实现自身的价值，那就是人生最快乐的事情。

或许，人们会觉得金钱在生活中也占据着重要的位置，实际上，钱生不带来、死不带走，钱并不是万能的，它不能买来一切。因此，我们要更多地珍惜自己拥有的生活，感受点点滴滴的快乐，而不是痴迷于财富。

活着，什么最重要？我们可以算一笔账：我们的一生，除去少不更事的少年时代，除去60岁以后的垂暮之年，只有短短40年的好光景，共计14600天。仅此不到15000天的时间里，有三分之一的时间处在与死亡无异的睡眠之中。在这剩余10000天的生命中，你觉得什么才是最重要的？快乐，当然是快乐。

对巴菲特这样的亿万富翁而言，人生最重要的并非财富，而是快乐。而对于我们这样一个普通人，何尝不是一样呢？人生在世，最重要的就是快乐，而不是别的什么。人生就像一条流淌着的河流，简单而快乐。然而，当我们在追逐一些东西的时候，如金钱、权力、名誉等，我们就会慢慢迷失自己，从而忘记人生最重要的东西是什么。

当下是一个焦虑的年代，几乎所有的人都迫不及待地等待快乐的降临。但是，却有人说："如果我们感到可怜，很可能会一直感到可怜。”在生活中，许多人总是感觉到自己不快乐，他们常常感叹：“我连快乐的影子都没发现。”对于快乐，他们一直守株待兔，总希望快乐能主动回到他们身边。然而，快乐并不是等待而来的，而是需要积极寻找的。不要特意停下脚步等待快乐，也不要随意转身寻找快乐，因为快乐就在不远处，无论你走多远，走的路多崎岖。或许，只是你不经意地抬头，你就会发现快乐正在前方向你招手、向你微笑。

美国畅销书籍《如何快乐》的作者，心理学博士凯伦·撒尔玛索恩女士说：“我们的生活有太多不确定的因素，你随时可能会被突如其来的变化扰乱心情。与其随波逐流，不如有意识地培养一些让你快乐的习惯，随时帮助自己调整心情。”简单地说，在更多的时候，快乐是一种生活态度，更是一种生活习惯。

当然，快乐是自取的，因为快乐来自我们内心。快乐就是做每一件自己喜欢的事情，例如奔跑时，那喘出的气和流出的汗水，就是快乐的源头。只要你有一颗寻找快乐的心，你便每时每刻都是快乐的。

著名作曲家刘炽曾说：“做人，快乐是最要紧的，但快乐得自己去寻找，我们不是缺少快乐，而是缺少对快乐的发现和感受。”

有时候，快乐就是如此简单，简单到我们忽略了它的存在。可以说，快乐是无处不在的，但是，快乐却不是守株待兔就能得到的，而是需要你用心地寻找。人生的花季美丽多姿，但是，生活的烦恼却像雨丝一样缠绵不绝。

人活着最重要的就是快乐，因为一份好的心态对于做任何事情都是极其重要的。让快乐成为自己的一种习惯，我们不需要太多的寻寻觅觅，不需要太多的权衡，只需要放下那些太过于高远的想法，给自己的快乐画一条最浅的底线，你就会发现，生活中的快乐越来越多，每一天都是富足而充实的。有的人习惯于忙碌奔波，深陷名利之中不能自拔，猛然回首，才发现真正的快乐恰恰就在出发的原点，而当年的他们却坚信快乐会在更远的地方。

启示

如果你已经埋头工作了许久，那么，请站起来，推开窗，深深地呼吸，放眼远望，微笑抑或呼喊，慢慢品尝这一刻，享受它，学会在最琐碎的事情里品尝快乐的滋味！

心向阳光，勇往直前

人生的路途上永远不会是一帆风顺的，它总是充满荆棘和坎坷，等着我们去跨过。如果你在人生的挫折面前选择逃避，那么你就永远错过了成功的机会。每一个人都要学会和挫折做朋友，当你把它作为朋友的时候，你就会发觉它并没有那么可怕，你就会鼓起勇气去战胜它。最初的人生是一张白纸，而挫折是白纸上的星星点缀，当你走完了你的一生，再回过头来，你会发现正是那些挫折才让你登上成功的顶峰，而你的人生也因为挫折变得十分精彩。

我们应该记住：“我们最重要的工作，并非是眺望遥远的、朦胧的事物，而是近在眼前的、明确的工作。”或许在我们的日常生活中，也会遭遇一些不同的挫折，这时候，要学会接受已经发生的事实，这是克服任何挫折的第一步，然后再寻找可以解决的办法，让自己从挫折中站立起来。

有的人时常在想，假如有一天我失去工作了怎么办？假如有一天我老了怎么办？假如有一天我失去健康了怎么办？假如有一天孩子不能成才怎么办？假如有一天所有的亲朋好友都对我不友好怎么办？我们暂且不说那一天是否会到来，眼下需要关注的是，你这样的担心只会让你陷入更严重的焦虑中。

人生中的挫折并不可怕，重要的是你是否有战胜它的信心。面对挫折，要用自己最美丽的笑容去征服它，你笑得越灿烂，它就越是怕你，当你自信满满地从它身边经过时，它就会不战而退。有一天，当你回首往事，你会发现正是那些挫折让你的人生丰满起来，让你的生活充足起来。人生不会因为挫折而一蹶不振，反而因为挫折，所有人生才充满了精彩。

卡耐基说：“如果只有柠檬，就做杯柠檬汁。”当你第一次尝柠檬，那一口酸入心脾的味道一沾舌尖，你立即就会龇牙咧嘴忙不迭地吐出来。如果上天给你个柠檬，的确是一件让你比较郁闷的事情。如果命运交给你一个酸柠檬，你得想办法把它做成甜的柠檬。柠檬是又苦又酸的，难以下咽，可是如果你把它榨成汁，加上糖，倒进蜂蜜，却变成味道很好的柠檬汁。虽然生命给我们酸苦，但是我们可以让它变得甘甜；虽然世界让我们遍体鳞伤，但伤口长出的却是翅膀。

库雷曾说：“许多年轻人的失败都可以归咎于缺乏百折不挠、永不放弃的战斗精神。”的确，大多数年轻人颇具才华，具备成就事业的种种能力，但他们的致命弱点是缺乏百折不挠的精神，往往一遇到微不足道的困难与阻力，就立刻裹足不前，没有韧性，遇硬就回，遇难就退，遇险就逃。因此，终其一生，他们只能从事一些平庸的工作。

人生之路犹如百流入海，不会是一帆风顺、一路坦荡，总是要经历风风雨雨、坎坎坷坷。那些成功的人在面对人生低谷的时候，总是能够心底坦然，不会屈服于挫折，而是勇于做一个承受痛苦、奋斗不息的人，以百折不挠的精神继续奋力前行。

一位教授在课堂上经常引用著名哲学家苏格拉底的名言：这个世界上有两种人：一种是快乐的猪，一种是痛苦的人。意思就是说这个世界上有许多人，他的人生就希望享受，有一天过一天，今朝有酒今朝醉。但是渴望成功的每一个人都必须做好痛苦的准备，要获得幸福、获得快乐，没有痛苦的思想准备是很难实现的。

以顽强的毅力和百折不挠的奋斗精神去迎接生活的挑战，你才能够免遭淘汰。上苍能在无意中夺去你的视力，也可以在不觉中毁掉你的手臂，但只要你能充满信心地与命运进行搏斗，你就能战胜一切困难和障碍。要知道，蒙灰的黄金，经过时间的流逝和风雨的打击，才会发出耀眼的光芒。

很多人做事都是虎头蛇尾，而且还有看到失败的迹象便立刻退却的倾向。要知道，人可以被打倒但不可以被打败。

启示

只要你心中有光，你同样可以101次站起来，把苦涩的微笑留给昨日，用不屈的毅力和信念赢得未来。因为很多时候击败我们的不是别人，而是自己对自己失去信心，熄灭心中的希望之光。

参考文献

[1]古川武士. 坚持，一种可以养成的习惯[M]. 北京：北京联合出版公司，2016.

[2]人民日报社新媒体中心. 你的坚持，终将美好[M]. 北京：北京联合出版公司，2016.

[3]夏苏末. 咬牙坚持，你终将成就无与伦比的自己[M]. 北京：作家出版社，2016.

[4]吴金娥. 你若不坚持，谁替你努力[M]. 北京：中国致公出版社，2018.